纺织服装高等教育"十三五"部委级规划教材

童装款式设计与结构制板

大童篇

叶清珠　主　编

张瑞霞　副主编

U0377495

东华大学出版社

·上海·

内容简介

  《童装款式设计与结构制板》分为婴幼童篇、中童篇和大童篇三本书。本册（大童篇）分为女童大篇和男大童篇，服装品种涉及夏装、春秋装以及冬装，款式丰富多样。全书以款式设计图和结构制板图为主要内容，图片线条清晰，样板齐全，尺寸部位标注完整明了，并对缝制工艺方式做了简单的介绍，使读者更容易将书中的款式转化为一件件实用的成品。本书可作为服装院校师生的教材，也可直接作为童装爱好者制作童装的参样或指导资料。

责任编辑：杜亚玲

封面设计：Callen

图书在版编目（CIP）数据

童装款式设计与结构制板　大童篇 / 叶清珠主编.
— 上海：东华大学出版社，2019.12
  ISBN 978-7-5669-1696-9

  Ⅰ.①童… Ⅱ.①叶… Ⅲ.①童服－服装设计
Ⅳ.①TS941.716

  中国版本图书馆CIP数据核字（2019）第288823号

童装款式设计与结构制板　　大童篇

TONGZHUANG KUANSHI SHEJI YU JIEGOU ZHIBAN　DATONGPIAN

叶清珠　主编

出　　版：东华大学出版社（上海市延安西路1882号，200051）
出版社官网：http://dhupress.dhu.edu.cn/
出版社邮箱：dhupress@dhu.edu.cn
发行电话：021-62373056
营销中心：021-62193056　62373056　62379558
印　　刷：苏州望电印刷有限公司
开　　本：889 mm×1194 mm　1/16　印张：10
字　　数：300千字
版　　次：2019年12月第1版
印　　次：2019年12月第1次印刷
书　　号：ISBN 978-7-5669-1696-9
定　　价：39.50元

前　言

　　我国是世界上主要的服装生产国和出口国，服装产业举足轻重。相应地，服装教育体系日趋成熟、完善，而有关童装款式与结构类的书籍，特别是教材还不多。为方便传授给学生实用、规范的服装设计与结构制板知识，方便读者将书中的款式转化为一件件实用的成品，也为了满足我国高等院校服装设计课程教学和服装爱好者学习的需要，顺应设计师创意的时代潮流，我们在充分借鉴、吸纳前人和同行已有成果的基础上，结合多年的课堂和实践教学经验，整理、编写了《童装款式设计与结构制板》系列教材。

　　本系列教材的编写响应国家发展应用型教育的政策，解决应用型人才培养过程中教材难以满足教学现状的问题，将童装款式设计与结构制板能力与本专业学生实践能力、创新能力、创业能力的培养相结合，以较大程度地激发学生的专业学习兴趣，推动应用型学科的教学改革，着眼于学生的职业技能需求和可持续发展，充分发挥教材在提高教学质量中的示范性作用。在保证基本理论知识的前提下，以学生职业能力培养为目标，突出服装专业技能要求，培养学生的专业实际应用能力，为学生未来的就业打好基础。

　　本系列以实例化、多样化的编写方式，将男童与女童经典服装款式的款式图、结构图、裁剪图、面料说明、工艺说明等做了清晰、系统的绘制与说明，以期给广大服装专业师生和服装爱好者一套实用、规范的童装款式、结构、面料设计的学习用书。

　　本系列教材由三明学院叶清珠主编，本册《童装款式设计与结构制板　大童篇》少女装由三明学院叶清珠老师编著完成，少男装由内蒙古师范大学张瑞霞老师编著完成，全书由叶清珠老师统稿。此外对在少男装编著过程中提供帮助的内蒙古师范大学服装专业学生淡晓娟、李瑞瑞、许瑞莲、孙玉珍、朱焱晨、张喆同学表示感谢！

　　由于编者时间与经验有限，本书的撰写还存在诸多不足，期待得到各位专家、读者的批评指正。

编者

教学内容及课时安排

课程/课时	节		课程内容
少女 （54课时）	一	夏季 套装	平领短袖上衣与荷叶边褶裙
			短袖圆领T恤与宽裤口中裤
			短连袖V领上衣与直筒长裤
	二	春秋 套装	长袖圆翻领衬衫与背带裤
			长袖收褶上衣与微喇长裤
			长袖翻领连衣裙
	三	冬季 套装	帽式棉服与紧身长靴裤
			帽式夹克与宽松直筒裤
			翻领大衣与裤口卷边长裤
少男 （54课时）	一	夏季 套装	翻领短袖衬衫与裤口翻边中裤
			中式短袖上衣与裤口收褶中裤
			立领长袖衬衫与松紧休闲裤
	二	春秋 套装	牛仔褂与松紧牛仔裤
			西装与休闲西裤
			中长款风衣与松紧运动裤
	三	冬季 套装	中长款驳领大衣与开门襟牛仔裤
			棒球领夹克与抽绳运动裤
			青果领西装与直筒西裤

注：各院校可根据自身的教学特点和教学计划对课时进行调整。

目 录

少女

教学目标： 1. 掌握少女装的款式特点、穿着方式；

2. 掌握少女装常用的面辅料、色彩、纹样、装饰；

3. 熟悉少女装的规格尺寸；

4. 掌握少女装款式的结构制图及样板制作。

教学重点： 1. 少女装的款式设计；

2. 少女装的结构制板。

教学方法： 1. 引入法：如引入少女的体型特征讲述少女装的款式设计及结构特征；

2. 演示法：直接示范少女装的款式绘制和结构制板；

3. 实践法：学生独立进行款式设计与结构制板。

一、平领短袖上衣与荷叶边褶裙（穿着效果图如图1-1所示）

（一）平领短袖上衣

1. 款式设计图

衣身建议采用纯棉印花机织布，柔软、舒适，领子、袖子可采用与衣身不同的面料进行搭配。平领、泡泡短袖，甜美可爱。腰部稍收省，以显少女身姿。侧边设置隐形拉链，后背上端开口。款式图如图1-2所示。

正面款式图   背面款式图

图1-2　平领短袖上衣款式图

图1-1　平领短袖上衣与
荷叶边褶裙穿着效果图

2. 结构尺寸

平领短袖上衣结构尺寸见表1-1。

表1-1　平领短袖上衣结构尺寸　　　　　　　　　　　　　　单位：cm

身高	衣长	腰节长	胸围	肩宽	领围	袖长	袖口宽
140	48	33	78	33	34	16	14
150	52	35	82	35	35.5	17	15
160	56	37	86	38	37	18	16

3. 结构制图

平领短袖上衣结构制图以身高 140cm 少女为例，如图 1-3 ～ 图 1-5 所示。

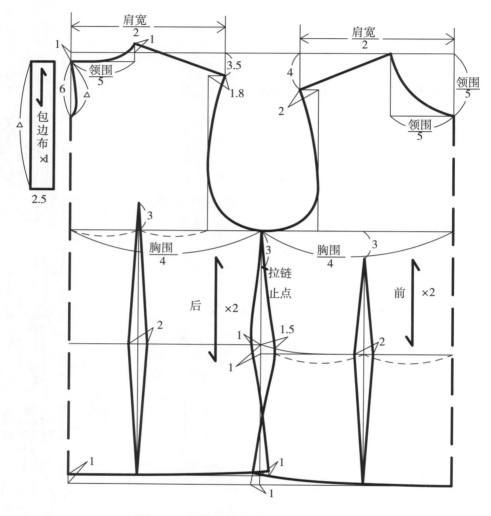

图1-3　平领短袖上衣衣身结构制图

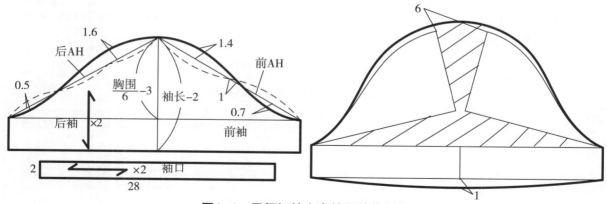

图1-4　平领短袖上衣袖子结构制图

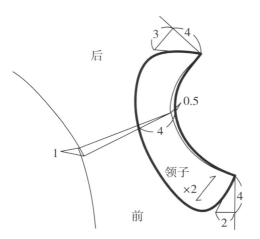

图1-5 平领短袖上衣领子结构制图

4. 裁剪样板

平领短袖上衣裁剪样板如图 1-6、图 1-7 所示。

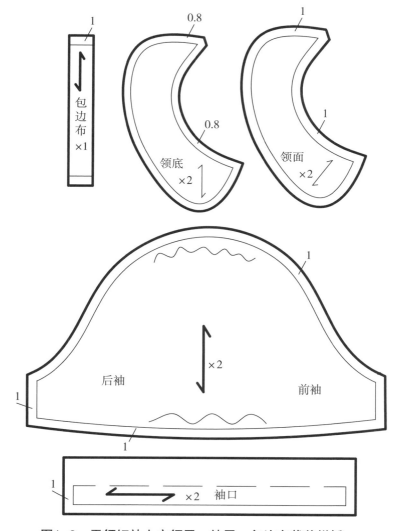

图1-6 平领短袖上衣领子、袖子、包边布裁剪样板

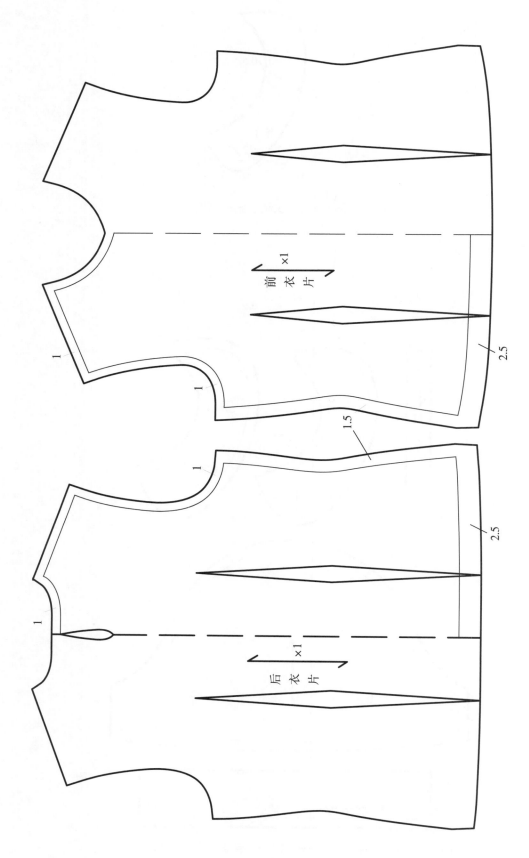

前衣片 ×1

后衣片 ×1

1

1

1

1

1

1.5

2.5

2.5

图1-7　平领短袖上衣衣身裁剪样板

（二）荷叶边褶裙

1. 款式设计图

可采用中厚型纯棉机织布或涤棉机织布，印花或刺绣图案。腰部松紧带收褶，下摆宽大荷叶边。款式如图 1-8 所示。

正面款式图　　　　　　　背面款式图

图1-8　荷叶边褶裙款式图

2. 结构尺寸

荷叶边褶裙结构尺寸见表 1-2。

表1-2　荷叶边褶裙结构尺寸　　　　　　　单位：cm

身高	裙长	腰围（车松紧带后）
140	42	54
150	44	57
160	46	60

3. 结构制图

荷叶边褶裙结构制图以身高 140cm 少女为例，如图 1-9 所示。

4. 裁剪样板

荷叶边褶裙裁剪样板如图 1-10 所示。

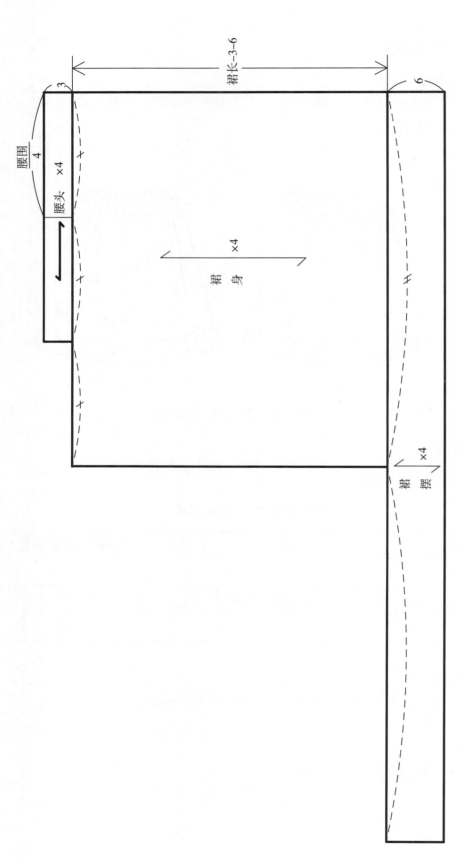

图1-9 荷叶边褶裙结构制图

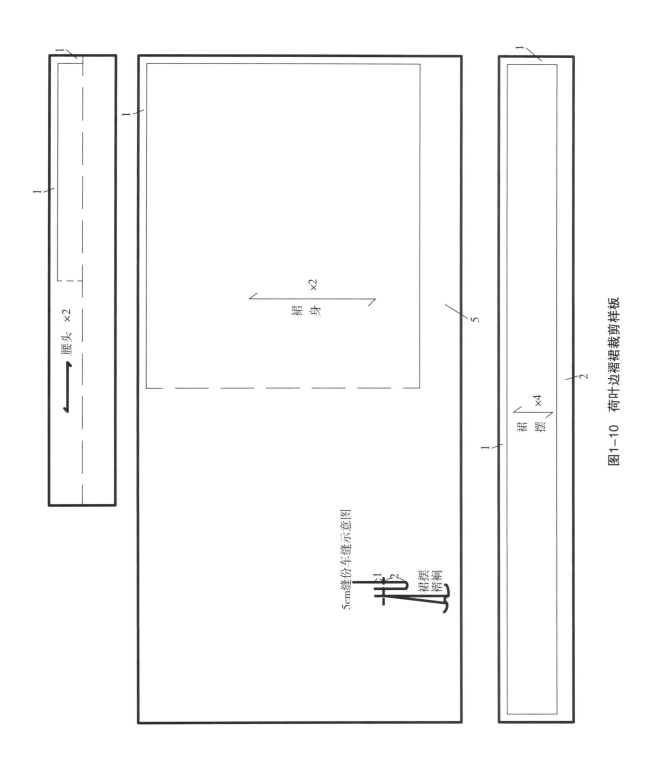

图1-10 荷叶边褶裙裁剪样板

二、圆领短袖 T 恤与宽裤口中裤（穿着效果图如图 1-11 所示）

（一）圆领短袖 T 恤

1. 款式设计图

衣身可采用柔软舒适、吸水性强的纯棉针织面料，领口采用罗纹布。衣身前面印花，简洁、甜美、大方。款式如图 1-12 所示。

正面款式图　　　　　　　　背面款式图

图1-12　圆领短袖T恤款式图

图1-11　圆领短袖T恤与
宽裤口中裤穿着效果图

2. 结构尺寸

圆领短袖 T 恤结构尺寸见表 1-3。

表1-3　圆领短袖T恤结构尺寸　　　　　　　　　单位：cm

身高	衣长	腰节长	胸围	肩宽	半领宽	前领深	袖窿深	袖长	袖口宽
140	48	33	78	33	6.5	7	15	14	13
150	52	35	82	35	7	8	16	15	14
160	56	37	86	37	7.5	9	17	16	15

3. 结构制图

圆领短袖 T 恤结构制图以身高 150cm 少女为例，如图 1-13 ～ 图 1-15 所示。

4. 裁剪样板

圆领短袖 T 恤裁剪样板如图 1-16 ～ 图 1-18 所示。

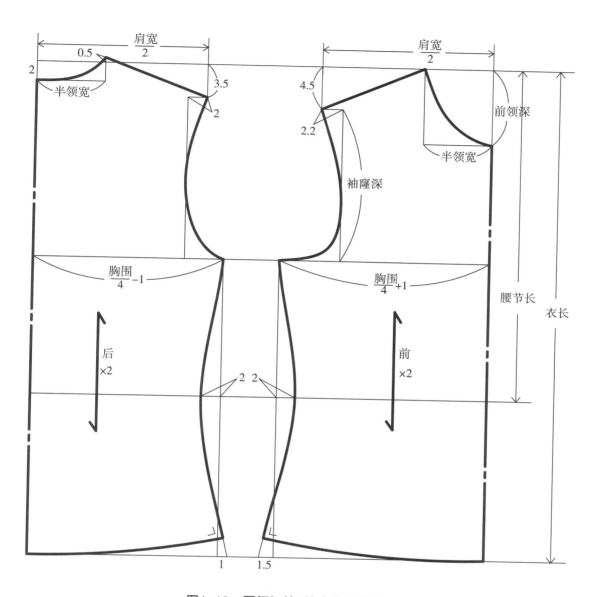

图1-13　圆领短袖T恤衣身结构制图

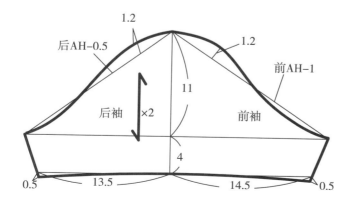

图1-14　圆领短袖T恤袖子结构制图

童装款式设计与结构制板 **大童篇**

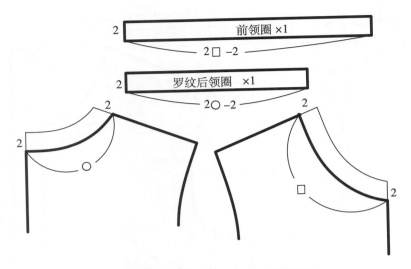

图1-15 圆领短袖T恤领圈结构制图

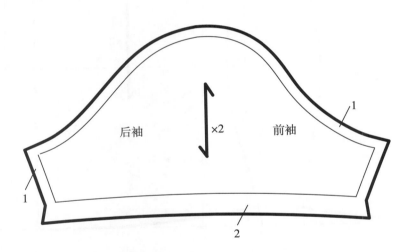

图1-16 圆领短袖T恤袖子裁剪样板

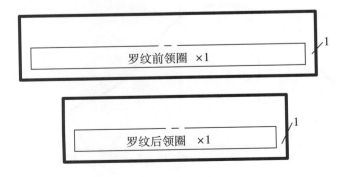

图1-17 圆领短袖T恤领圈裁剪样板

少女篇

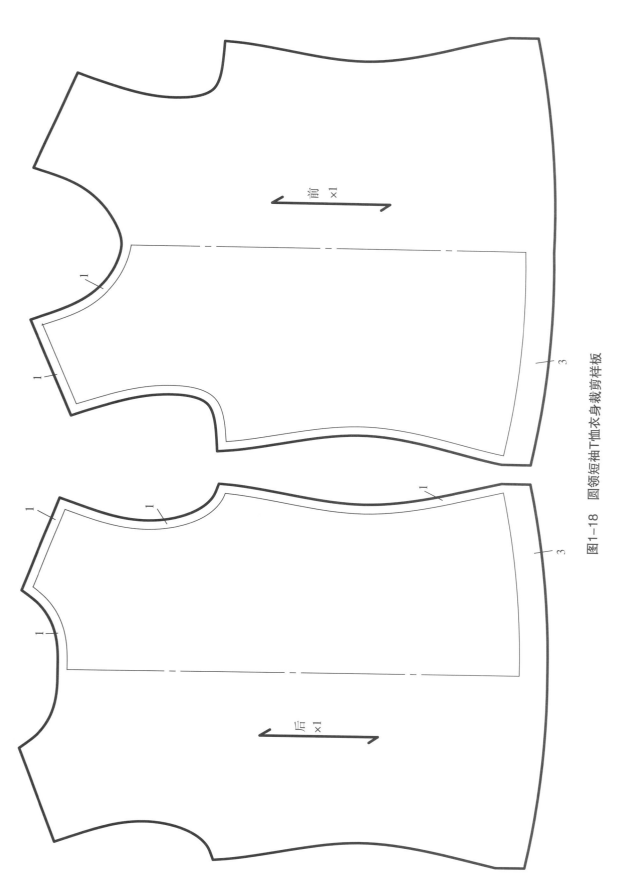

图1-18　圆领短袖T恤衣身裁剪样板

- 13 -

（二）宽裤口中裤

1. 款式设计图

可采用中厚的纯棉或涤棉斜纹面料，插袋，前裤片腰部设褶裥，后裤片腰部设省道，宽裤口。款式图如图 1-19 所示。

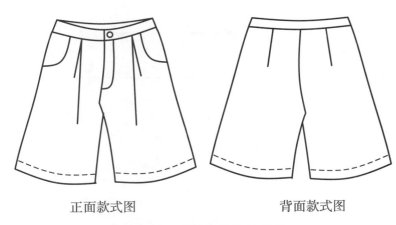

正面款式图　　　　　背面款式图

图1-19　宽裤口中裤款式图

2. 结构尺寸

宽裤口中裤结构尺寸见表 1-4。

表1-4　宽裤口中裤结构尺寸　　　　　　　　单位：cm

身高	裤长	臀围	腰围	上裆长	裤口宽
140	46	83	62	26	28
150	48	88	65	28	30
160	50	93	68	30	32

3. 结构制图

宽裤口中裤结构制图以身高 150cm 少女为例，如图 1-20 所示。

4. 裁剪样板

宽裤口中裤裁剪样板如图 1-21 所示。

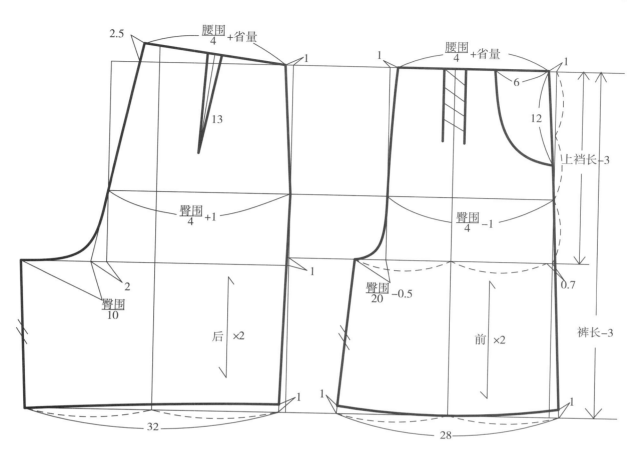

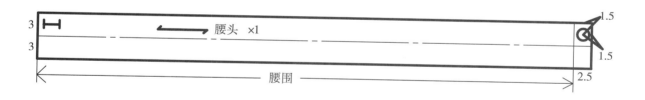

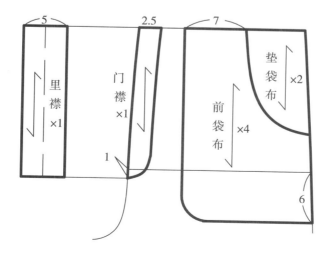

图1-20 宽裤口中裤结构制图

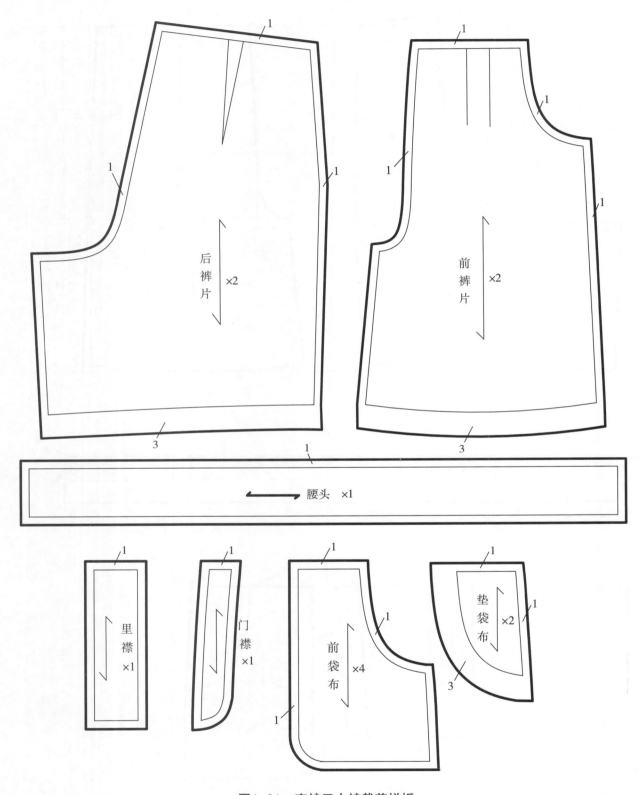

图1-21 宽裤口中裤裁剪样板

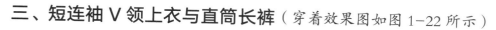

三、短连袖 V 领上衣与直筒长裤（穿着效果图如图 1-22 所示）

（一）短连袖 V 领上衣

1. 款式设计图

采用柔软舒适、吸湿透气的薄型面料，宽松、简洁、随意，腰部装置钩扣后系腰带。款式如图 1-23 所示。

正面款式图　　　　　背面款式图

图1-23　短连袖V领上衣款式图

图1-22　短连袖V领上衣与直筒长裤穿着效果图

2. 结构尺寸

短连袖 V 领上衣结构尺寸见表 1-5。

表1-5　短连袖V领上衣结构尺寸　　　　　单位：cm

身高	衣长	腰节长	胸围	肩宽	半领宽	领深	袖窿深	袖口宽
140	31	34	82	34	6.5	8	15.5	13
150	33	36	86	36	7	8.5	16.5	14
160	56	38	90	38	7.5	9	17.5	15

3. 结构制图

短连袖 V 领上衣结构制图以身高 160cm 少女为例，如图 1-24 所示。

4. 裁剪样板

短连袖 V 领上衣裁剪样板如图 1-25 所示 。

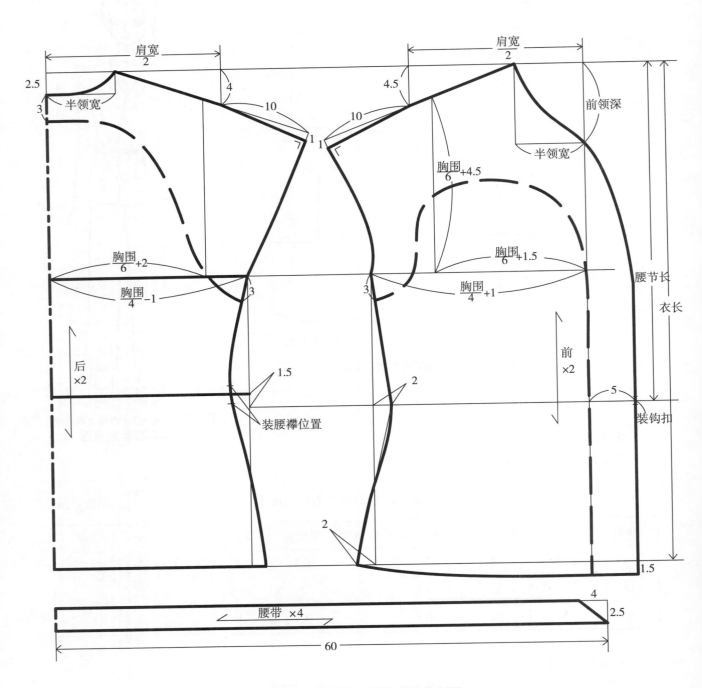

图1-24 短连袖V领上衣结构制图

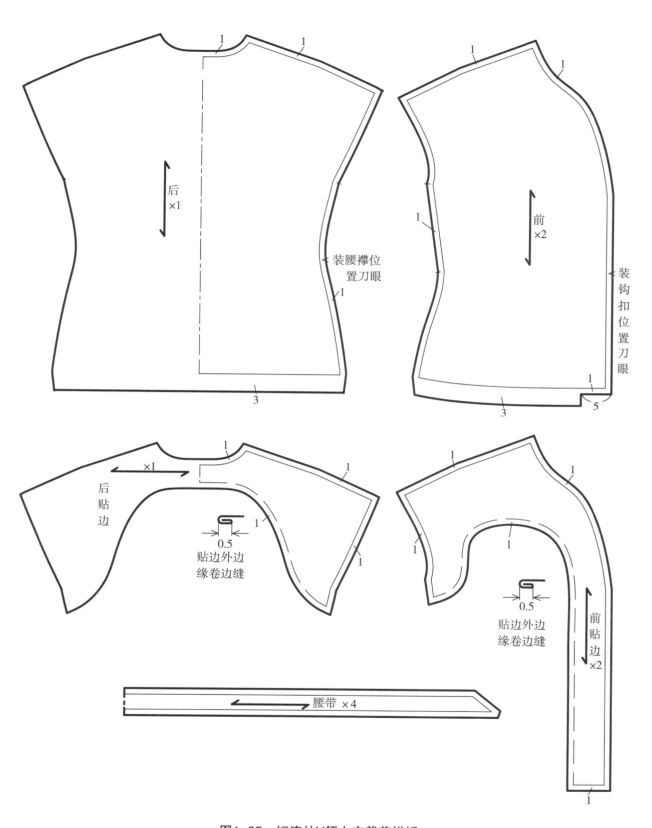

图1-25　短连袖V领上衣裁剪样板

（二）直筒长裤

1. 款式设计图

采用柔软中厚的舒适面料，前插袋、后贴袋。款式图如图 1-26 所示。

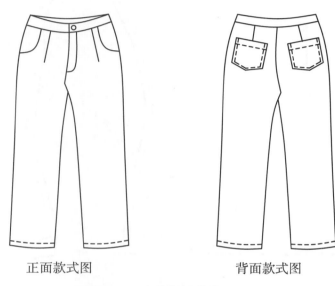

正面款式图　　　　　　　背面款式图

图1-26　直筒长裤款式图

2. 结构尺寸

直筒长裤结构尺寸见表 1-6。

表1-6　直筒长裤结构尺寸　　　　　　　　　　　　**单位：cm**

身高	裤长	臀围	腰围	上裆长	裤口宽
140	84	82	62	28	17
150	91	88	65	30	18
160	98	94	68	32	19

3. 结构制图

直筒长裤结构制图以身高 160cm 少女为例，如图 1-27、图 1-28 所示。

4. 裁剪样板

直筒长裤裁剪样板如图 1-29、图 1-30 所示。

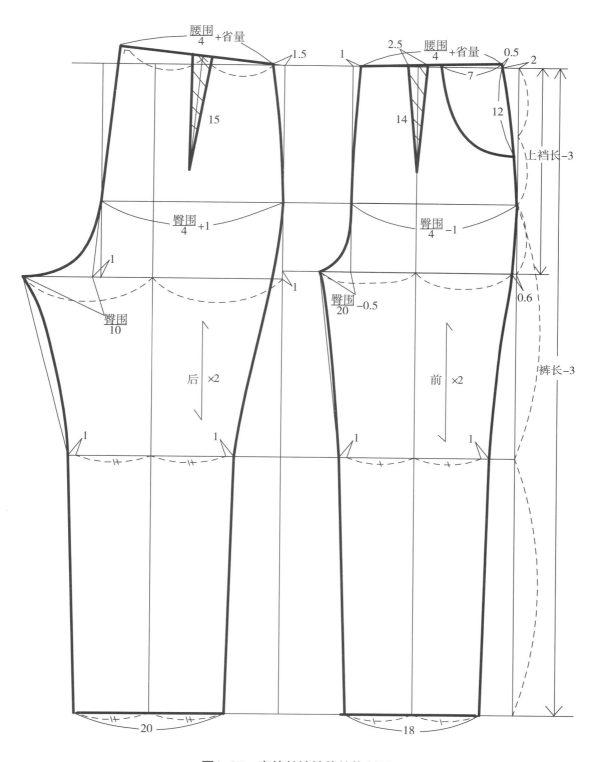

图1-27　直筒长裤裤片结构制图

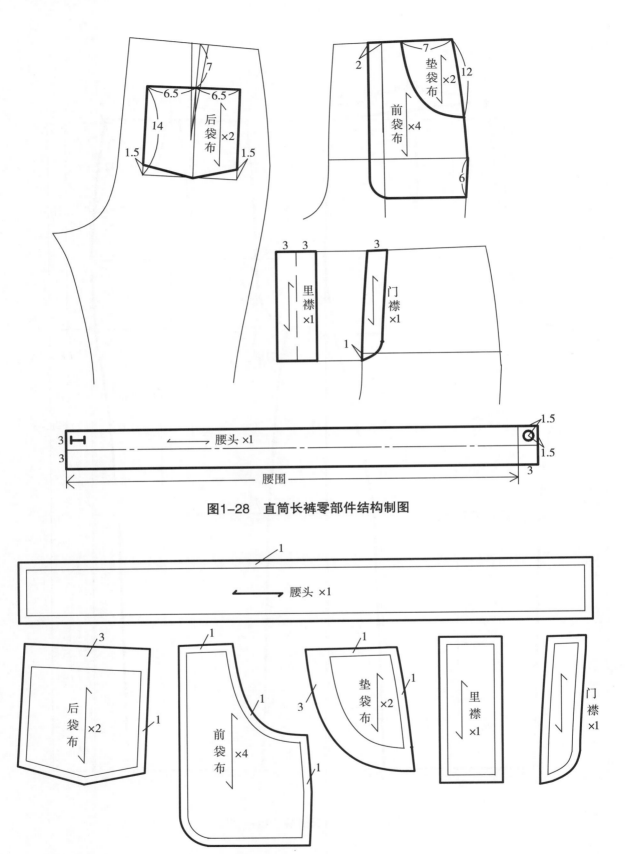

图1-28 直筒长裤零部件结构制图

图1-29 直筒长裤零部件裁剪样板

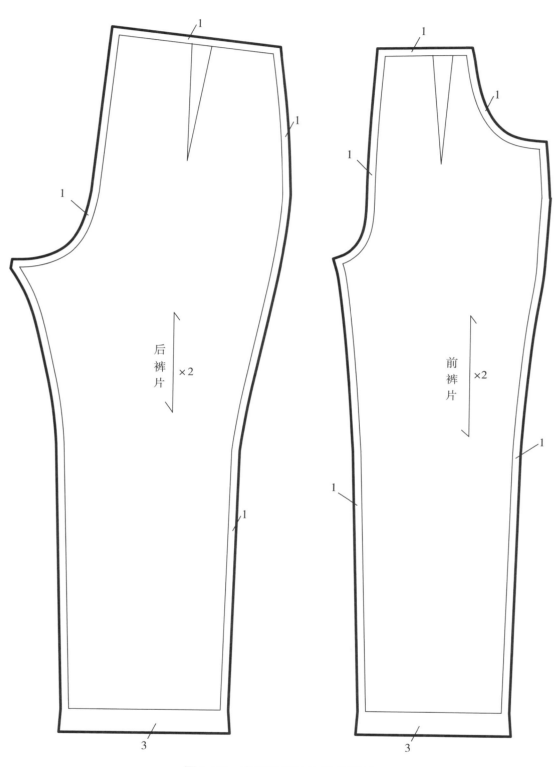

图1-30 直筒长裤裤片裁剪样板

第二节 | 春秋套装

一、长袖圆翻领衬衫与背带裤（穿着效果图如图 1-31 所示）

（一）长袖圆翻领上衣

1. 款式设计图

可采用柔软舒适的棉布或混纺布，领外口、门襟镶嵌花边，泡泡长袖，袖口收紧开衩，贴袋。款式图如图 1-32 所示。

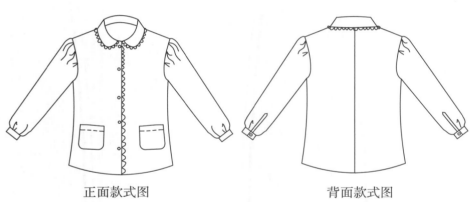

正面款式图　　　　　　背面款式图

图1-32　长袖圆翻领衬衫款式图

图1-31　长袖圆翻领衬衫
与背带裤穿着效果图

2. 结构尺寸

长袖圆翻领衬衫结构尺寸见表 1-7。

表1-7　长袖圆翻领衬衫结构尺寸　　　　　　　　单位：cm

身高	衣长	腰节长	胸围	领围	肩宽	袖长	袖口围
140	52	33	82	33	35	48	18
150	55	35	86	35	37	51	20
160	58	37	90	37	39	54	22

3. 结构制图

长袖圆翻领衬衫结构制图以身高 140cm 少女为例，如图 1-33、图 1-34 所示。

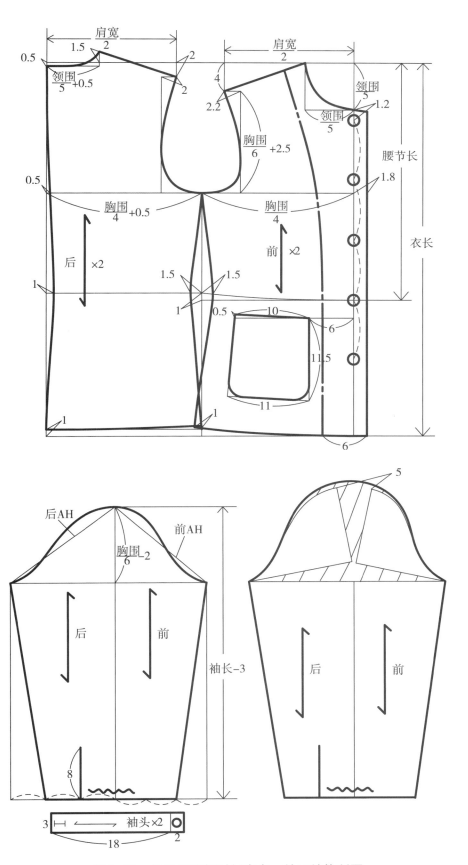

图1-33 长袖圆翻领衬衫衣身、袖子结构制图

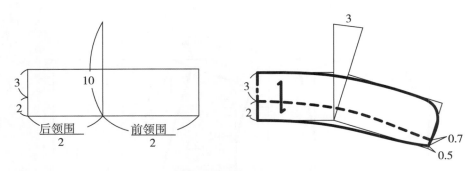

图1-34 长袖圆翻领衬衫领子结构制图

4. 裁剪样板

长袖圆翻领衬衫裁剪样板如图 1-35、图 1-36 所示。

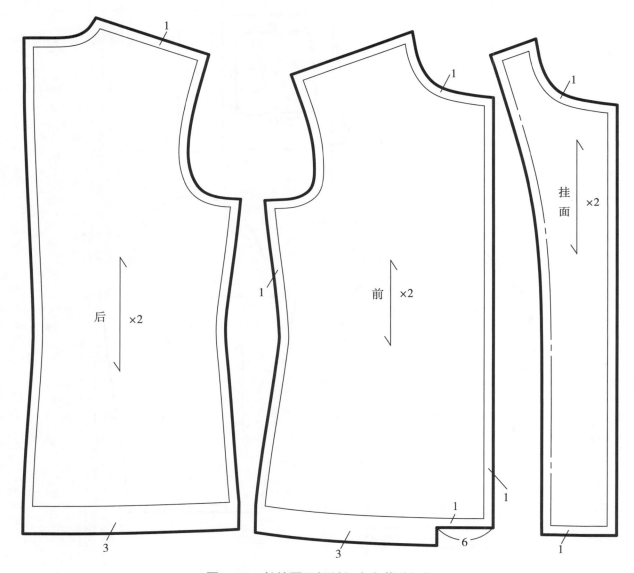

图1-35 长袖圆翻领衬衫衣身裁剪样板

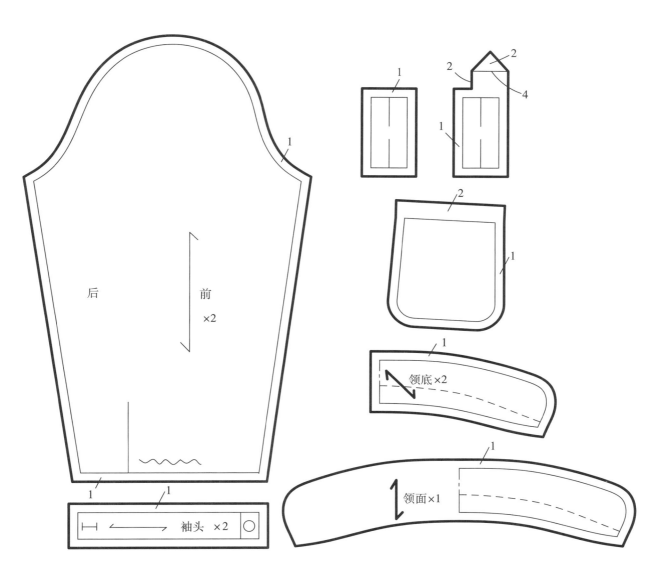

图1-36 长袖圆翻领衬衫袖子、领子、口袋、开衩裁剪样板

（二）背带长裤

1. 款式设计图

可采用柔软舒适的中厚面料，前开襟拉链，侧腰装松紧，裤身侧面装立体绣花大贴袋，裤口绣花。款式图如图 1-37 所示。

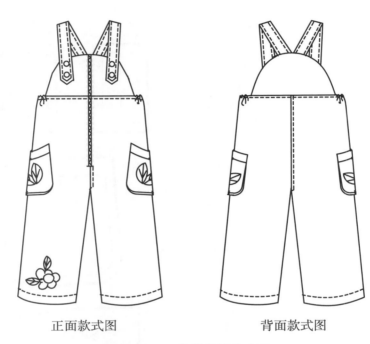

正面款式图   背面款式图

图1-37　背带长裤款式图

2. 结构尺寸

背带长裤结构尺寸见表 1-8。

表1-8　背带长裤结构尺寸　　　　　　　　　　　单位：cm

身高	前胸片高	后背片高	肩带总长	裤长	上裆长（含腰头5cm）	臀围	裤口宽
140	17	18	33	86	31	92	20
150	18	19	34.5	93	33	96	21
160	19	20	36	100	35	100	22

3. 结构制图

背带长裤结构制图以身高 140cm 少女为例，如图 1-38、图 1-39 所示。

4. 裁剪样板

背带长裤裁剪样板如图 1-40、图 1-41 所示。

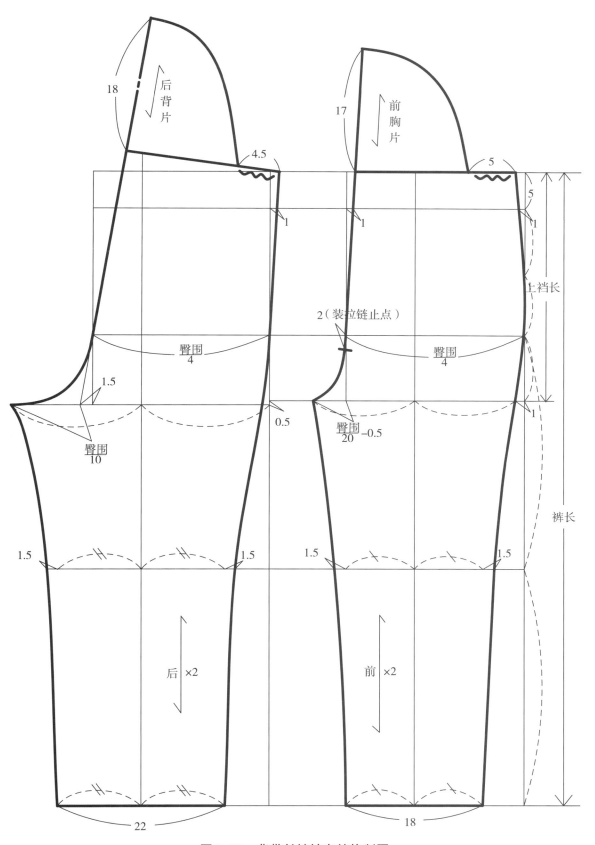

图1-38 背带长裤裤身结构制图

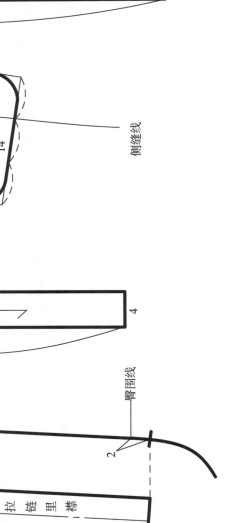

立 体 袋 贴 条

1.5

47

3

16

14

17

贴 袋

侧缝线

臀围线

5

肩 带

4

33

17

臀围线

2

2.5

拉 链 里 襟

图1-39 背带长裤其他零部件结构制图

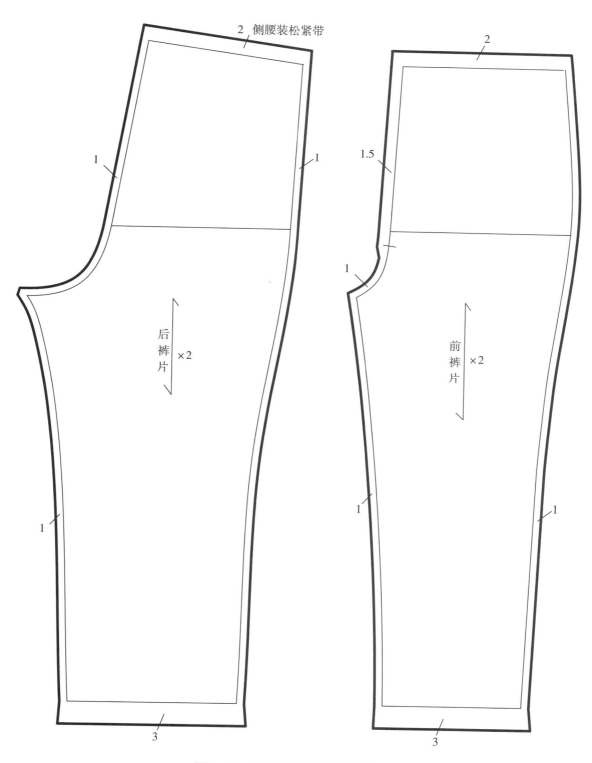

2 侧腰装松紧带

1

1

1.5

1

后裤片 ×2

前裤片 ×2

1

1

1

1

3

3

图1-40 背带长裤裤片裁剪样板

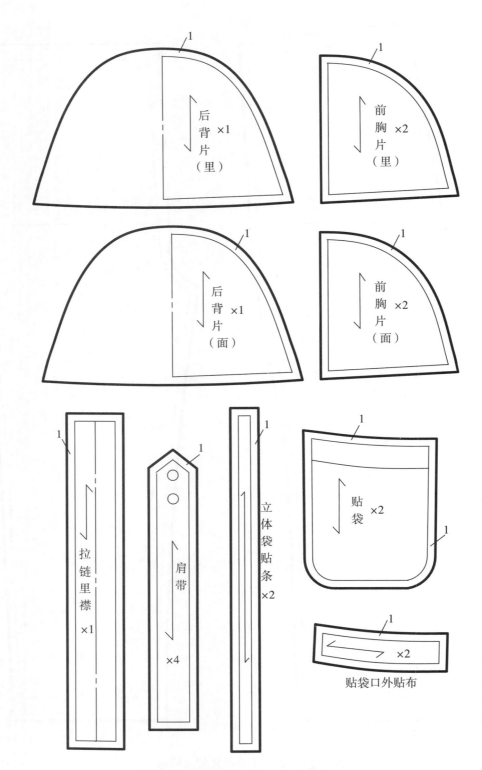

图1-41 背带长裤其他部件裁剪样板

二、长袖收褶上衣与微喇长裤（穿着效果图如图1-42所示）

（一）长袖收褶上衣

1. 款式设计图

采用柔软舒适的薄型或中厚面料，领部、袖口、腰部装松紧收褶。款式图如图1-43所示。

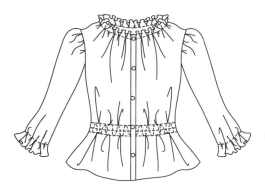

正面款式图

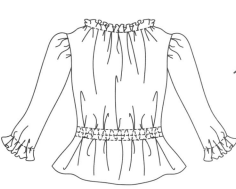

背面款式图

图1-43 长袖收褶上衣款式图

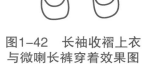

图1-42 长袖收褶上衣与微喇长裤穿着效果图

2. 结构尺寸

长袖收褶上衣结构尺寸见表1-9。

表1-9 长袖收褶上衣结构尺寸　　　　单位：cm

身高	衣长	腰节长	胸围	腰围（加松紧带后）	领围	肩宽	袖长
140	50	33	82	64	41.5	34	47
150	54	35	86	67	43	35.5	50
160	58	37	90	70	44.5	37	53

3. 结构制图（采用原型法制图）

长袖收褶上衣结构制图以身高150cm少女为例，如图1-44 ~ 图1-49所示。

4. 裁剪样板

长袖收褶上衣裁剪样板如图1-50、图1-51所示。

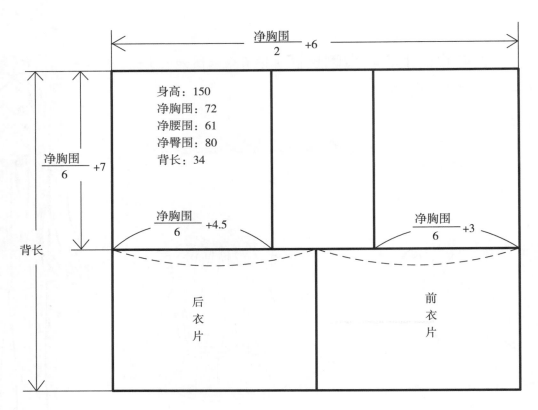

身高：150
净胸围：72
净腰围：61
净臀围：80
背长：34

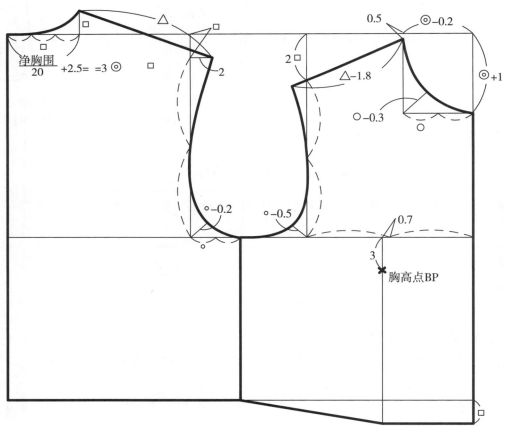

图1-44　长袖收褶上衣衣身原型

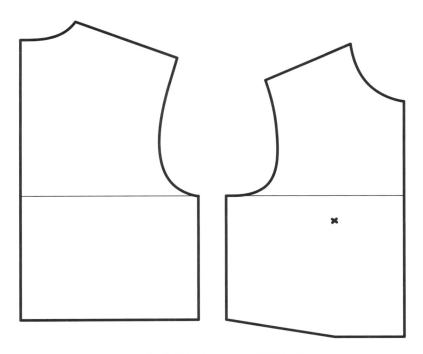

图1-45 长袖收褶上衣衣身原型定位

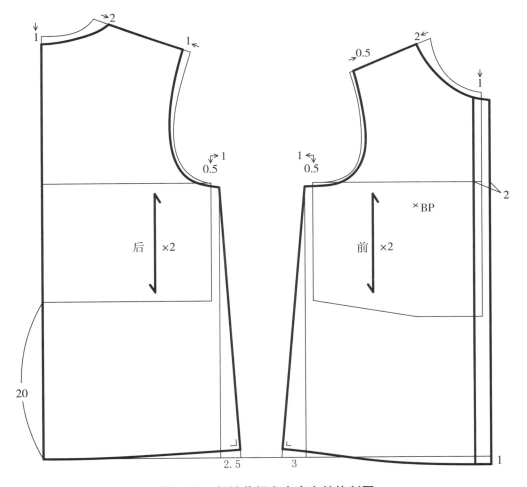

图1-46 长袖收褶上衣衣身结构制图

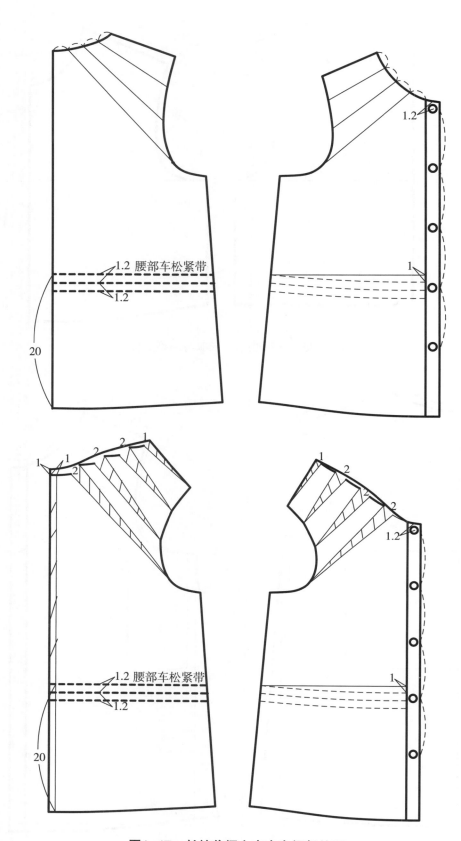

图1-47 长袖收褶上衣衣身褶部处理

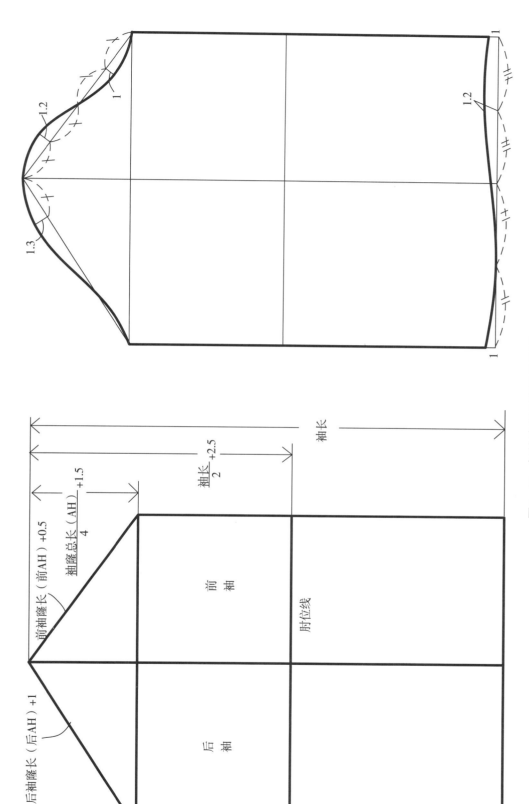

图1-48 长袖收褶上衣袖子原型

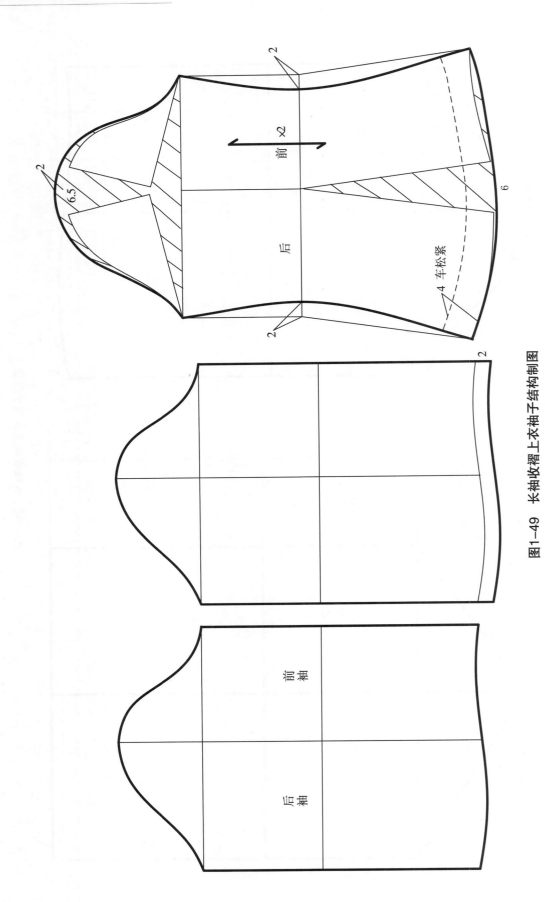

前 ×2

后

6.5

2

2

2

车松紧

4

6

2

前袖

后袖

图1-49 长袖收褶上衣袖子结构制图

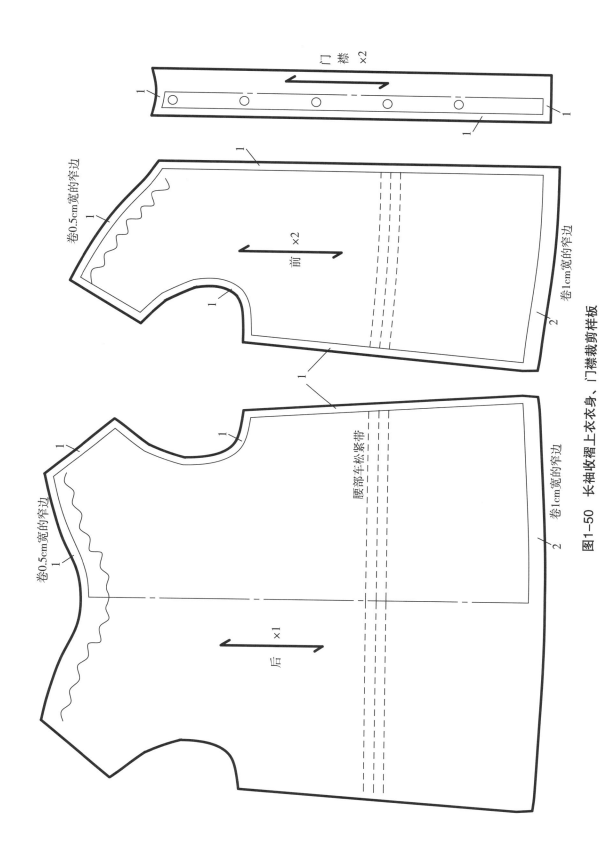

门襟 ×2

卷0.5cm宽的窄边

前 ×2

卷1cm宽的窄边

卷0.5cm宽的窄边

腰部车松紧带

卷1cm宽的窄边

后 ×1

图1-50 长袖收褶上衣衣身、门襟裁剪样板

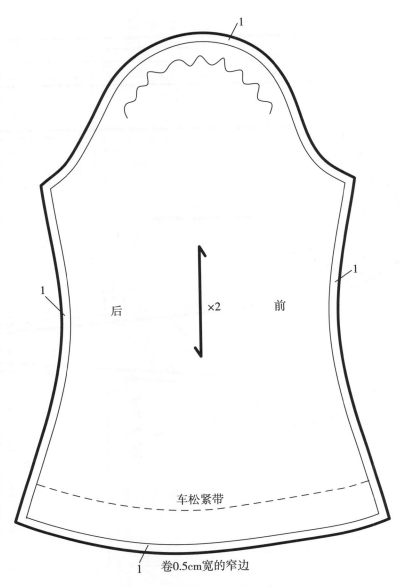

后　　　×2　　　前

车松紧带

卷0.5cm宽的窄边

图1-51　长袖收褶上衣袖子裁剪样板

（二）微喇长裤

1. 款式设计图

可采用中厚型牛仔布或细帆布。前插袋、后贴袋，后腰翘分割。前裤片腰省转移至前袋，后裤片腰省转移至分割线。款式图如图1-52所示。

正面款式图　　　　　　　　　　背面款式图

图1-52　微喇长裤款式图

2. 结构尺寸

微喇长裤结构尺寸见表1-10。

表1-10　微喇长裤结构尺寸　　　　　　　　　　单位：cm

身高	裤长	臀围	腰围	上裆长	裤口宽
140	84	80	62	26	17
150	91	86	65	28	18
160	98	92	68	30	19

3. 结构制图

微喇长裤结构制图以身高150cm少女为例，如图1-53 ～ 图1-57所示。

4. 裁剪样板

微喇长裤裁剪样板如图1-58、图1-59所示。

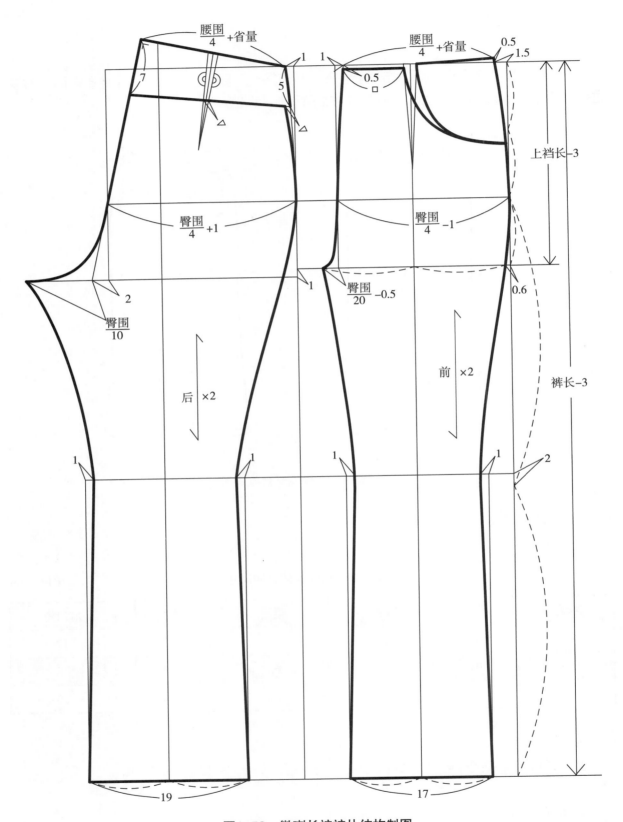

图1-53 微喇长裤裤片结构制图

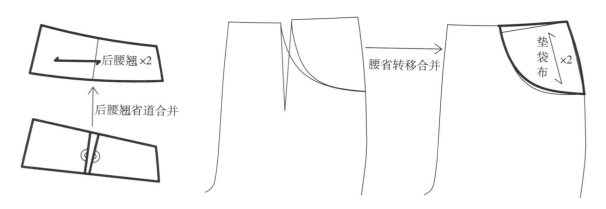

图1-54　微喇长裤腰省转移

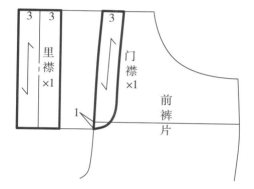

图1-55　微喇长裤门、里襟结构制图

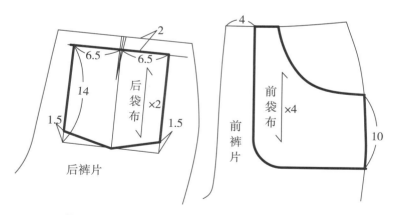

图1-56　微喇长裤后袋布、前袋布结构制图

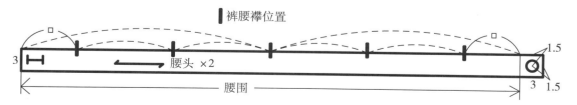

图1-57　微喇长裤腰头结构制图

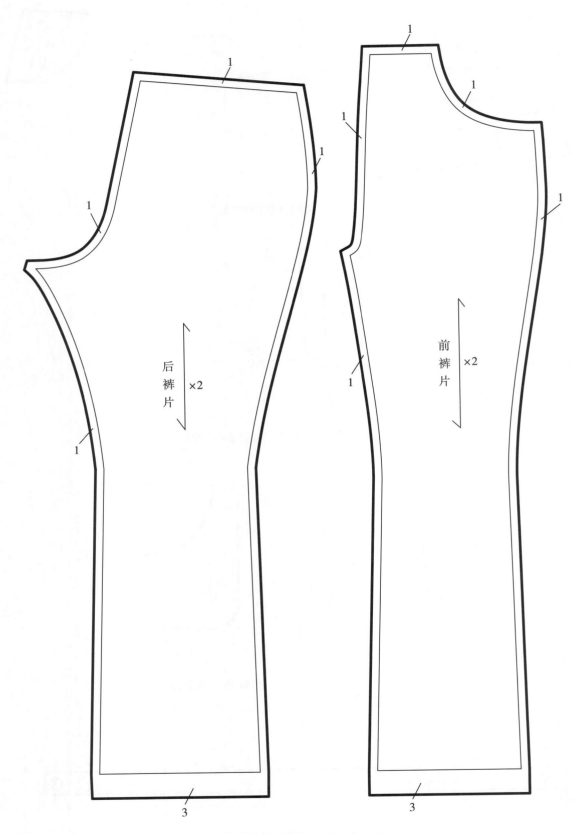

图1-58　微喇长裤裤片裁剪样板

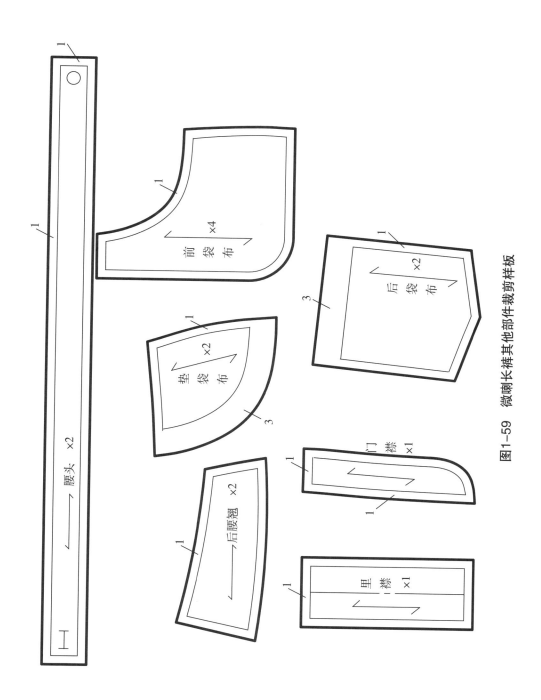

图1-59 微喇长裤其他部件裁剪样板

三、长袖翻领连衣裙（穿着效果图如图1-60所示）

1. 款式设计图

可采用中厚的针织面料或弹性混纺面料。翻折领，合体袖，合体腰省，裙腰处设褶裥，裙摆宽大。款式图如图1-61所示。

正面款式图

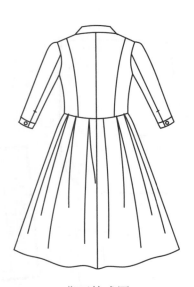
背面款式图

图1-61 长袖翻领连衣裙款式图

图1-60 长袖翻领连
衣裙穿着效果图

2. 结构尺寸

长袖翻领连衣裙结构尺寸见表1-11。

表1-11 长袖翻领连衣裙结构尺寸　　　　　　　　　　　单位：cm

身高	裙总长	腰节长	胸围	腰围	肩宽	领围	袖长	袖口围
140	92	34	80	62	33	33	50	18
150	98	36	84	66	35	35	53	20
160	104	38	88	70	37	37	56	22

3. 结构制图

长袖翻领连衣裙结构制图以身高160cm少女为例，如图1-62、图1-63所示。

4. 裁剪样板

长袖翻领连衣裙裁剪样板如图1-64 ~ 图1-67所示。

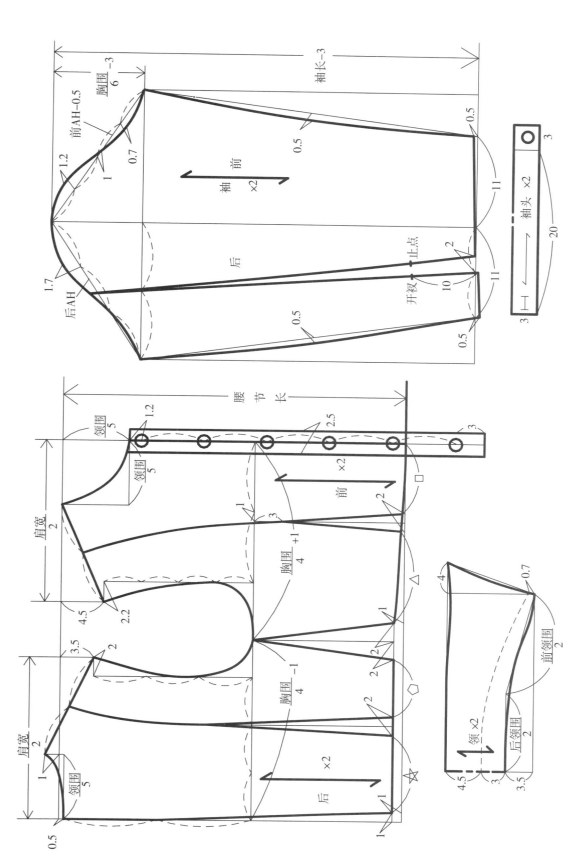

图1-62　长袖翻领连衣裙衣身、袖子、领子结构制图

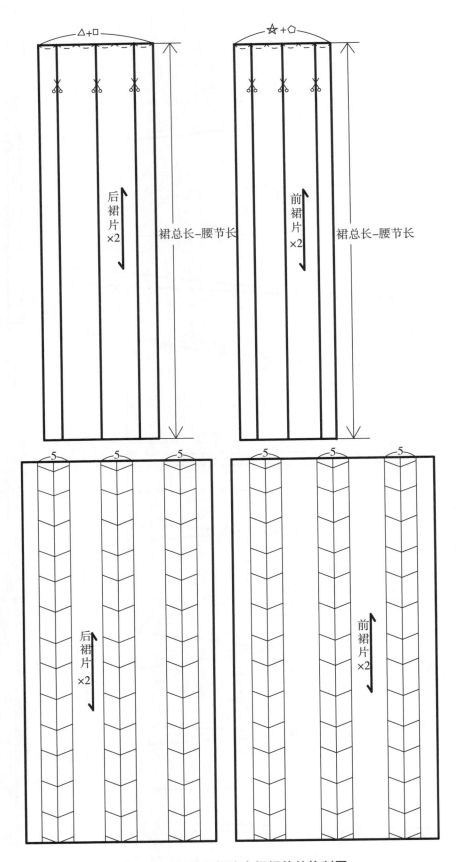

图1-63 长袖翻领连衣裙裙片结构制图

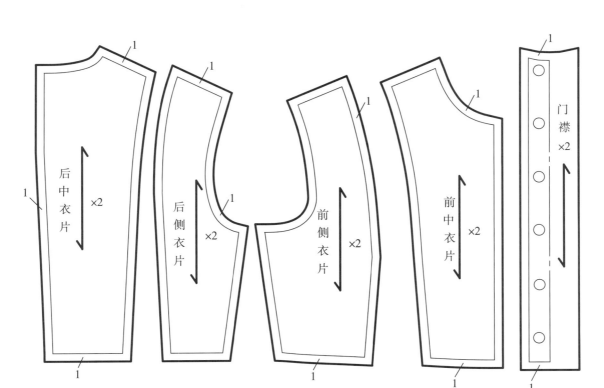

图1-64　长袖翻领连衣裙衣身、门襟裁剪样板

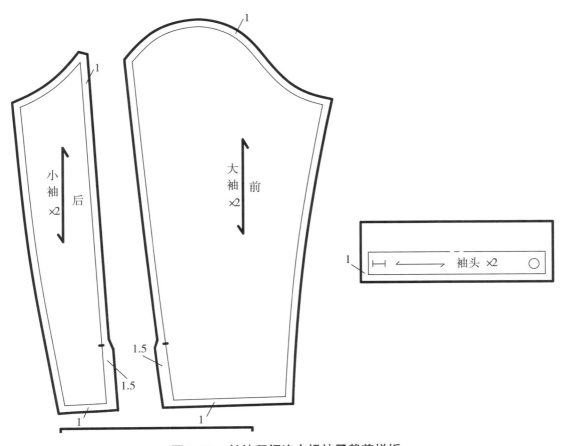

图1-65　长袖翻领连衣裙袖子裁剪样板

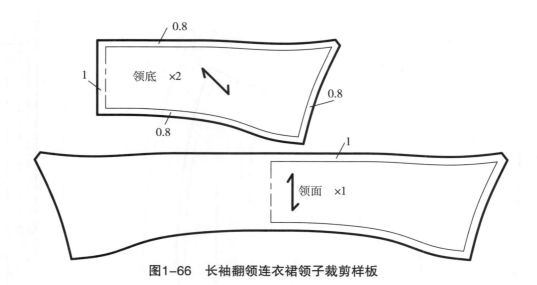

图1-66　长袖翻领连衣裙领子裁剪样板

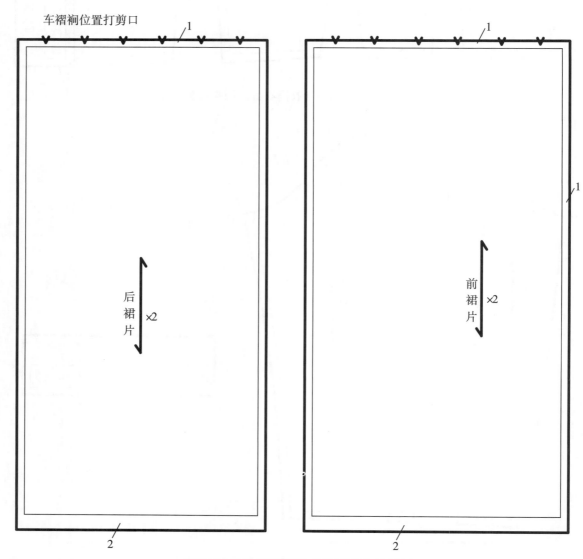

图1-67　长袖翻领连衣裙裙片裁剪样板

一、帽式棉服与紧身长靴裤（穿着效果图如图1-68所示）

（一）帽式棉服

1. 款式设计图

面布可采用细条绒布或细帆布，里布可用针织布，中间夹棉。夹棉与面布可用绗缝固定，绗缝线迹可做装饰。立领，帽子可拆卸，与衣身用拉链连接。门襟拉链，外加暗扣，袖口、下摆松紧缩缝，贴袋设褶裥。款式图如图1-69所示。

正面款式图　　　　　　背面款式图

图1-69　帽式棉服款式图

图1-68　帽式棉服与紧身长靴裤穿着效果图

2. 结构尺寸

帽式棉服结构尺寸见表1-12。

表1-12 帽式棉服结构尺寸　　　　　　　　　　单位：cm

身高	衣长	腰节长	胸围	肩宽	领围	袖长	袖口围（装松紧带后）
140	70	34	92	36	35	49	16
150	74	36	96	38	37	52	18
160	78	38	100	40	39	55	20

3. 结构制图

帽式棉服结构制图以身高 140cm 少女为例，如图 1–70 ~ 图 1–72 所示。

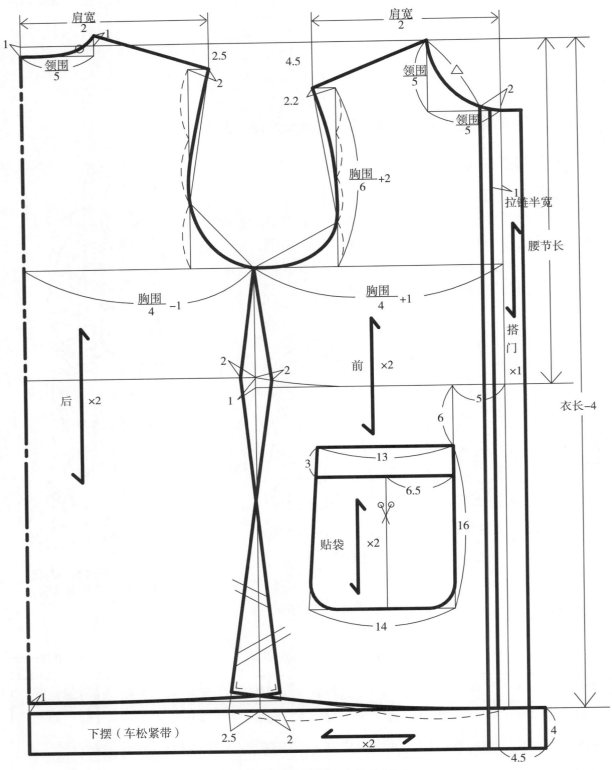

图1–70 帽式棉服衣身结构制图

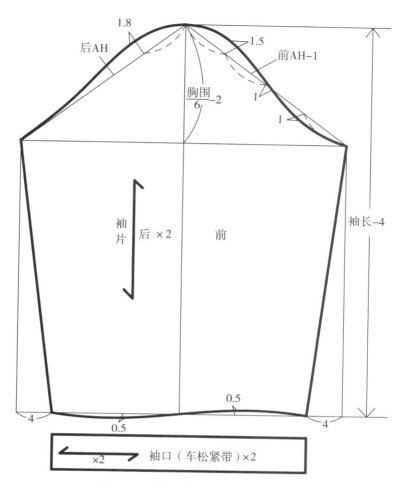

图1-71 帽式棉服袖子结构制图

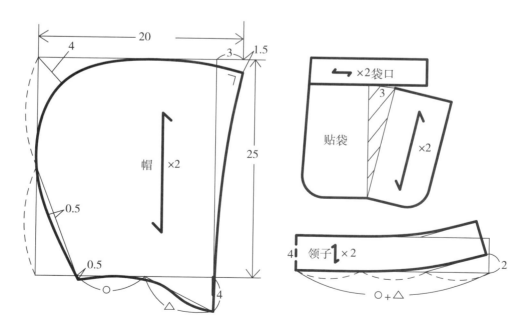

图1-72 帽式棉服帽子、领子、口袋结构制图

4. 裁剪样板

帽式棉服面布裁剪样板如图 1-73 ～ 图 1-75 所示。

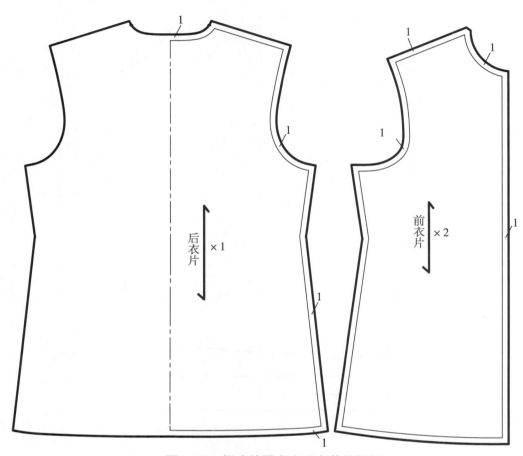

图1-73　帽式棉服衣身面布裁剪样板

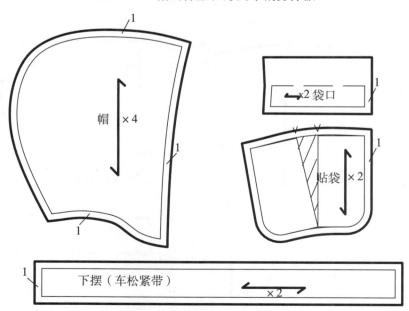

图1-74　帽式棉服帽子、口袋、下摆面布裁剪样板

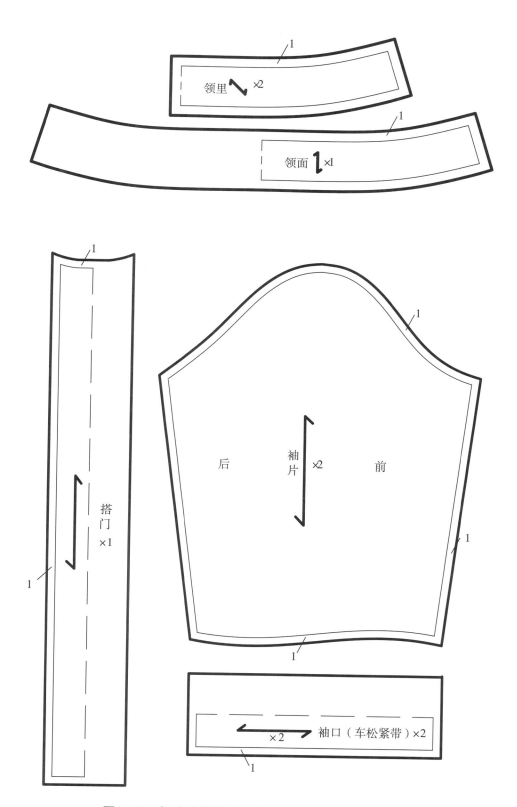

图1-75 帽式棉服搭门、袖子、领子面布裁剪样板

帽式棉服里布裁剪样板如图 1-76 所示。

帽式棉服夹棉裁剪样板如图 1-77、图 1-78 所示。

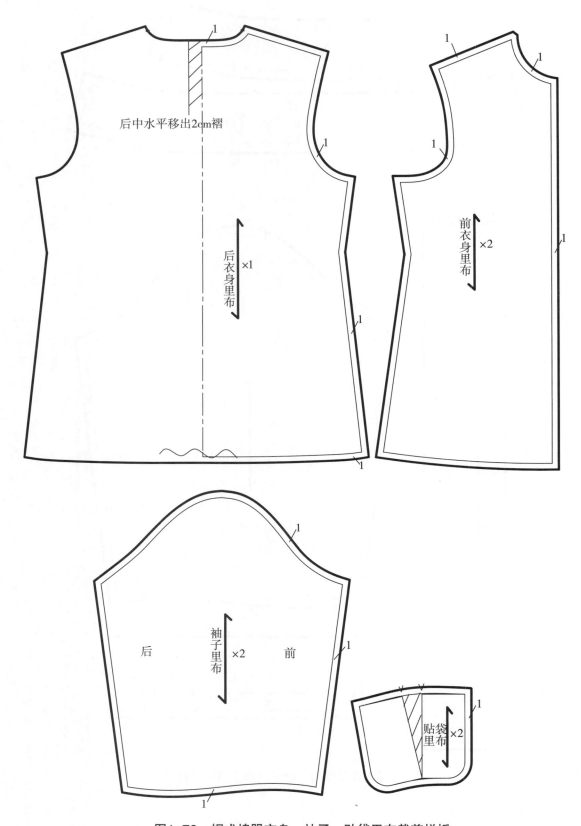

图1-76　帽式棉服衣身、袖子、贴袋里布裁剪样板

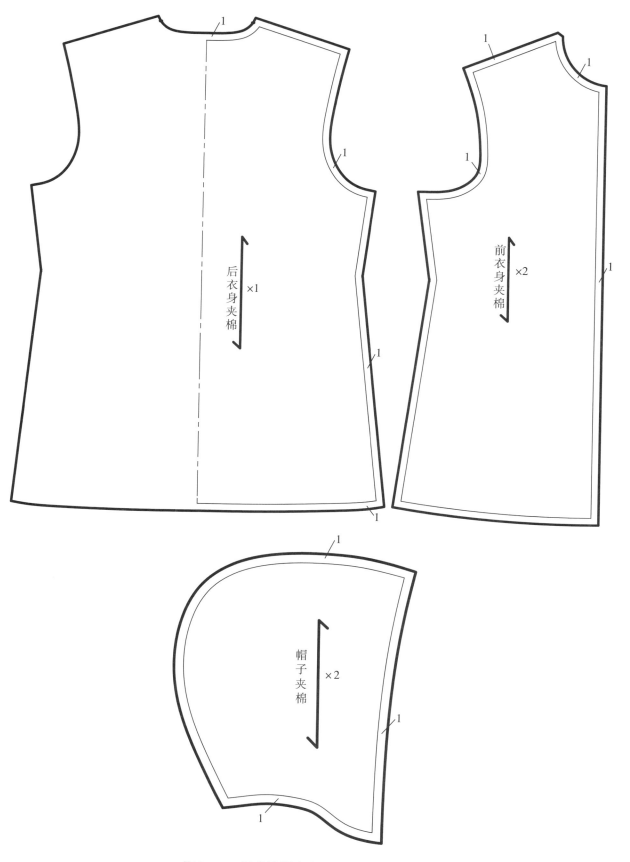

图1-77　帽式棉服衣身、帽子夹棉裁剪样板

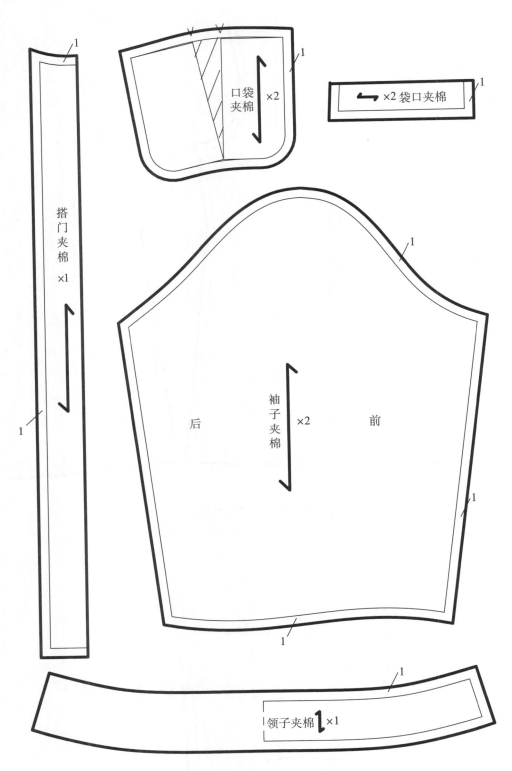

口袋夹棉 ×2

×2 袋口夹棉

搭门夹棉 ×1

后　　袖子夹棉 ×2　　前

领子夹棉 ×1

图1-78　帽式棉服搭门、帽子、领子、口袋夹棉裁剪样板

（二）紧身长靴裤

1. 款式设计图

采用双层面料，外层可采用较厚实的涤棉混纺面料或其他面料，里层可采用纯棉或涤棉针织薄面料。腰头装松紧带，前片设置插袋，后臀贴袋，裤口采用罗纹弹力针织面料。款式图如图1-79所示。

正面款式图　　　　　　　　背面款式图

图1-79　紧身长靴裤款式图

2. 结构尺寸

紧身长靴裤结构尺寸见表1-13。

表1-13　紧身长靴裤结构尺寸　　　　　　　　　　　单位：cm

身高	裤长	臀围	腰围（加松紧带后）	上裆长	裤口宽
140	82	82	54	25	14
150	89	87	57	27	15
160	96	92	60	29	16

3. 结构制图

紧身长靴裤结构制图以身高140cm少女为例，如图1-80所示。

4. 裁剪样板

紧身长靴裤面布裁剪样板如图1-81、图1-82所示。

紧身长靴裤里布裁剪样板如图1-83所示。

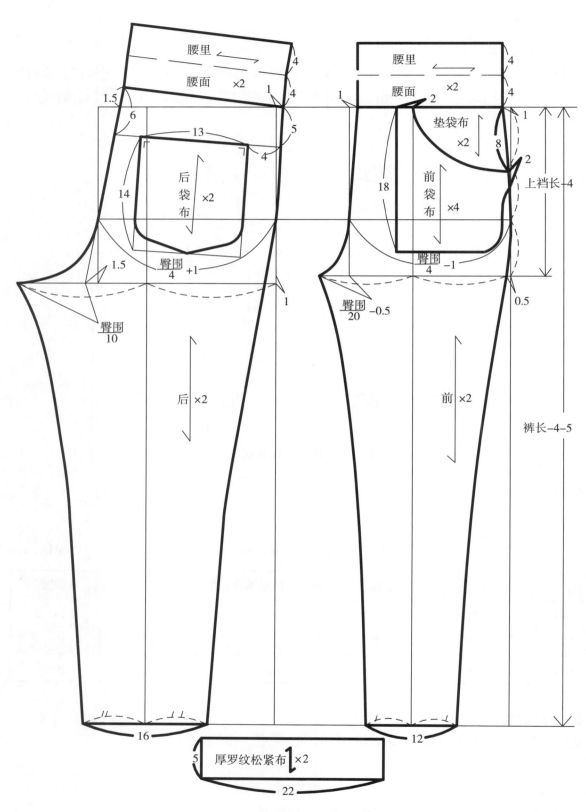

图1-80　紧身长靴裤结构制图

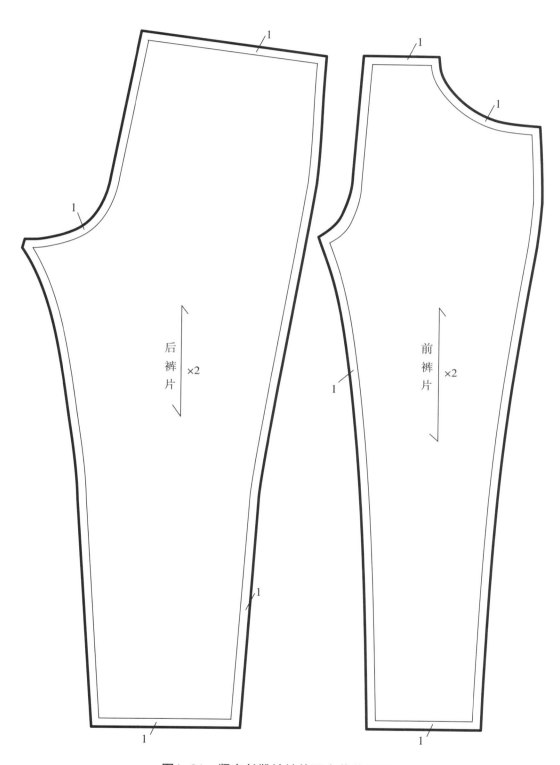

图1-81　紧身长靴裤裤片面布裁剪样板

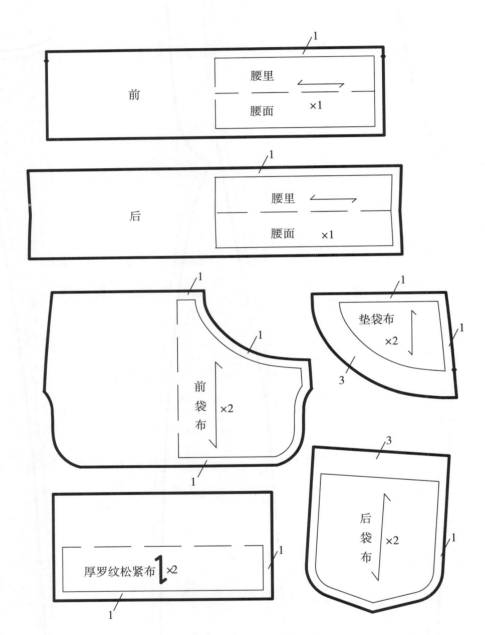

图1-82 紧身长靴裤腰头、口袋、裤口面布裁剪样板

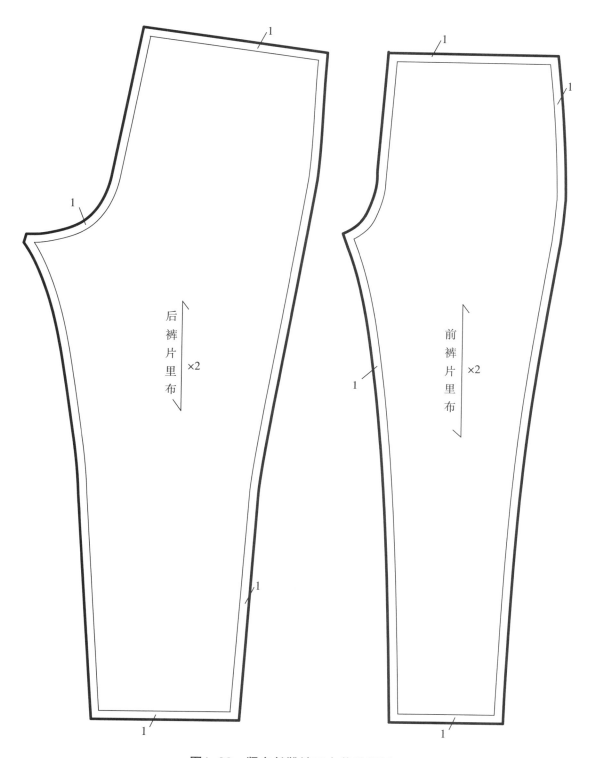

图1-83　紧身长靴裤里布裁剪样板

二、帽式夹克与宽松直筒裤（穿着效果图见图1-84所示）

（一）帽式夹克

1. 款式设计图

连帽领，帽口边缘用罗纹窄条缩口。前衣身胸前横向分割，沿分割线绣花装饰，左右斜插袋，门襟设拉链。袖口、下摆罗纹加松紧带。款式图如图1-85所示。

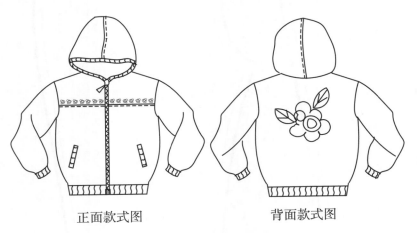

正面款式图　　　　　背面款式图

图1-85　帽式夹克款式图

图1-84　帽式夹克与宽松直筒裤穿着效果图

2. 结构尺寸

帽式夹克结构尺寸见表1-14。

表1-14　帽式夹克结构尺寸　　　　　单位：cm

身高	衣长	胸围	领围	肩宽	袖长	袖口围
140	48	86	34	35	48	16
150	52	90	36	37	51	18
160	56	94	38	39	54	20

3. 结构制图

帽式夹克结构制图以身高150cm少女为例，如图1-86 ～ 图1-88所示。

4. 裁剪样板

帽式夹克面布裁剪样板如图1-89、图1-90所示。

帽式夹克罗纹布裁剪样板如图1-91所示。

帽式夹克里布裁剪样板如图1-92、图1-93所示。

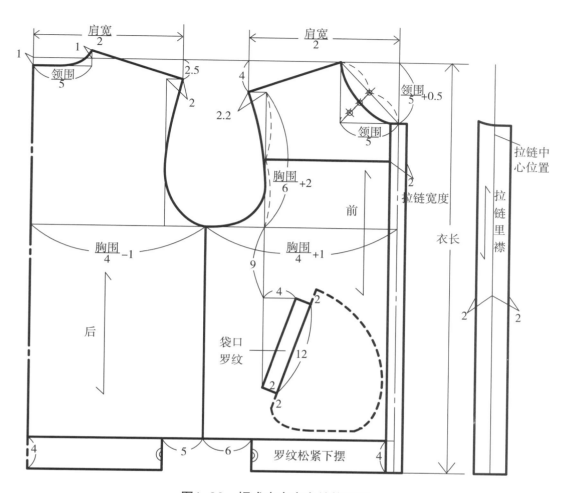

图1-86 帽式夹克衣身结构制图

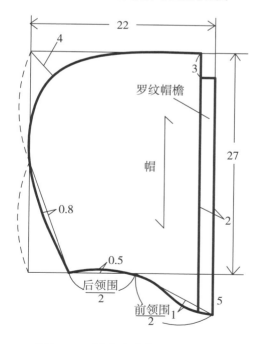

图1-87 帽式夹克帽子结构制图

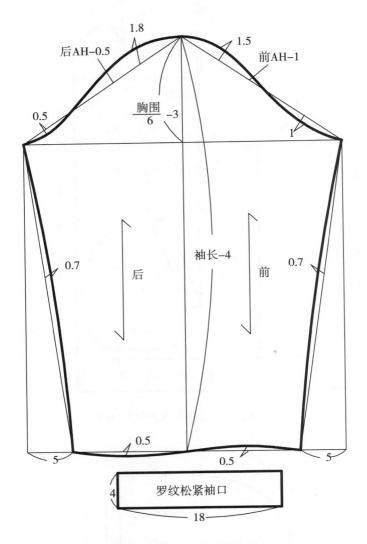

后AH−0.5　　1.8　　1.5　　前AH−1

0.5

$\dfrac{胸围}{6}$ −3

1

0.7　　后　　袖长−4　　前　　0.7

5　　0.5　　0.5　　5

罗纹松紧袖口

4

18

图1−88　帽式夹克袖子结构制图

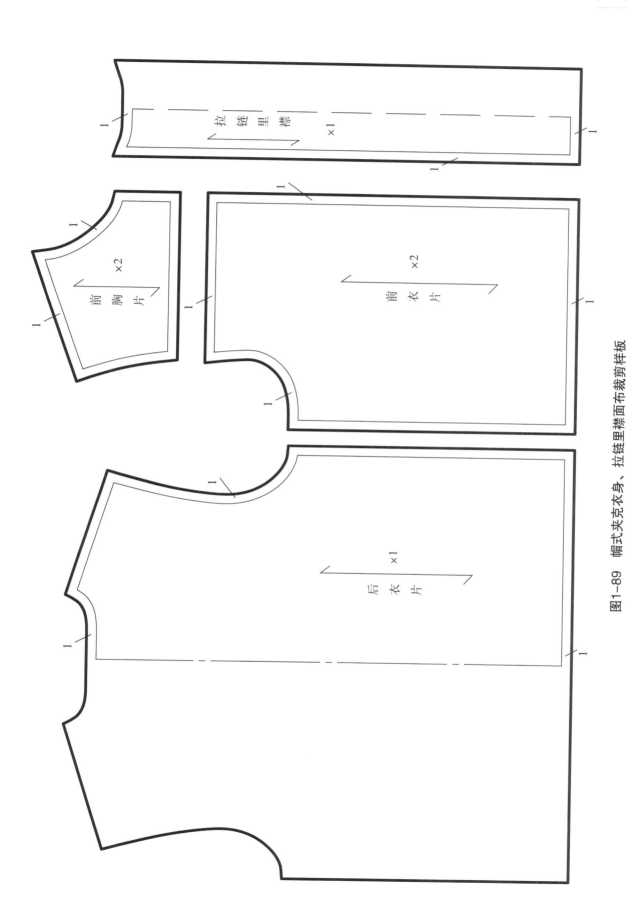

图1-89 帽式夹克衣身、拉链里襟面布裁剪样板

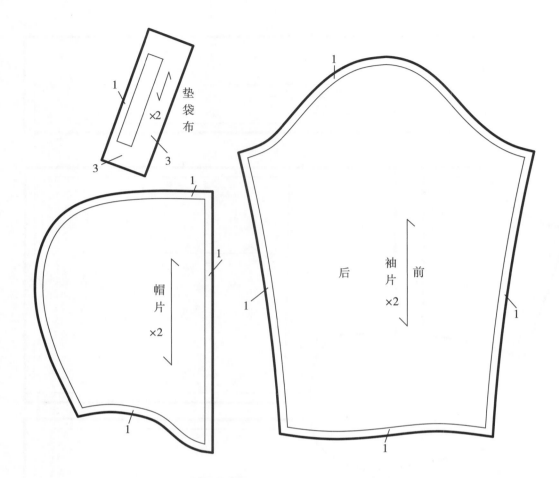

图1-90 帽式夹克垫袋布、帽子、袖子面布裁剪样板

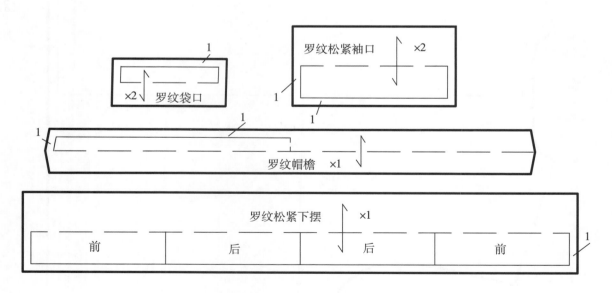

图1-91 帽式夹克罗纹布裁剪样板

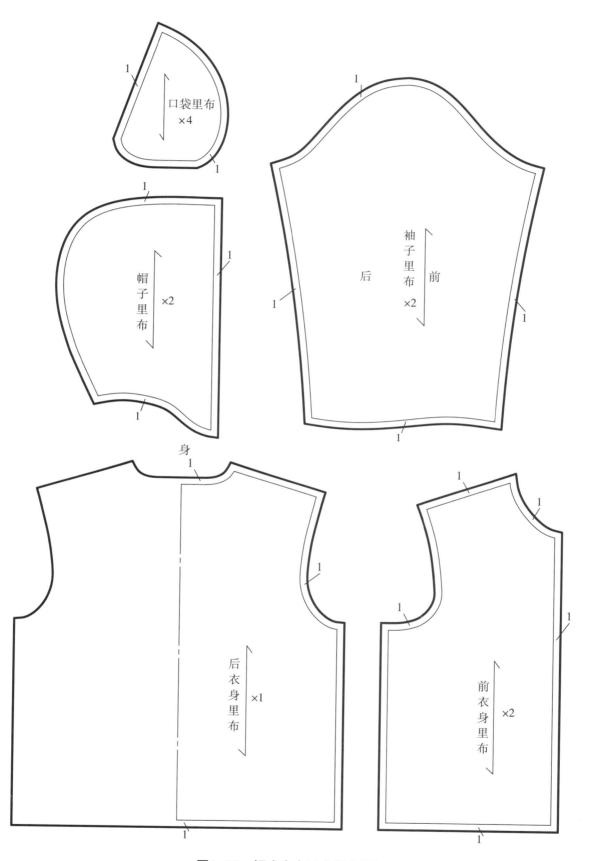

图1-92　帽式夹克里布裁剪样板

（二）宽松直筒裤

1. 款式设计图

可采用中厚型面料，松紧裤口，前片立体贴袋，后臀普通贴袋，直筒宽裤口。款式如图1-93所示。

正面款式图　　　　　　　背面款式图

图1-93　宽松直筒裤款式图

2. 结构尺寸

宽松直筒裤结构尺寸见表1-15。

表1-15　宽松直筒裤结构尺寸　　　　　　　　　　　单位：cm

身高	裤长	臀围	腰围（加松紧带后）	上裆长	裤口宽
140	84	86	57	26	19
150	91	91	60	28	20
160	98	96	63	30	21

3. 结构制图

宽松直筒裤结构制图以身高150cm少女为例，如图1-94所示。

4. 裁剪样板

宽松直筒裤裁剪样板如图1-95、图1-96所示。

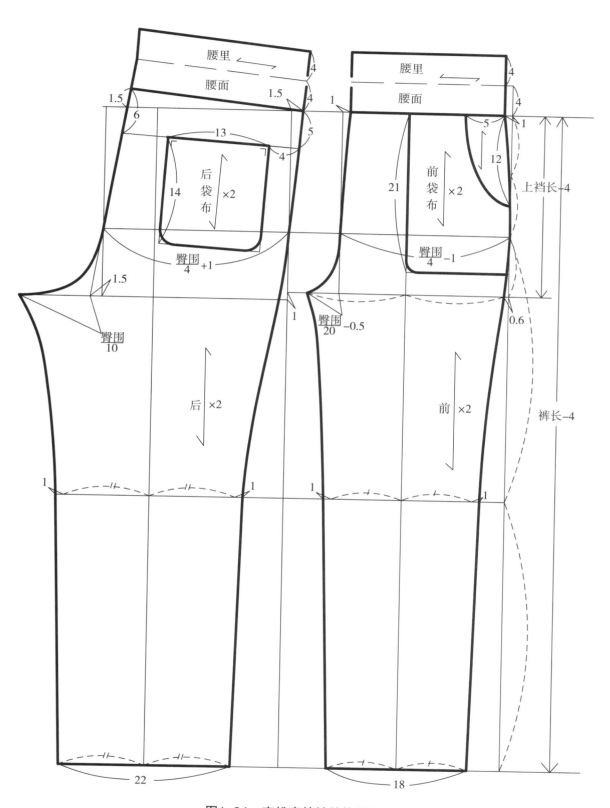

图1-94 宽松直筒裤结构制图

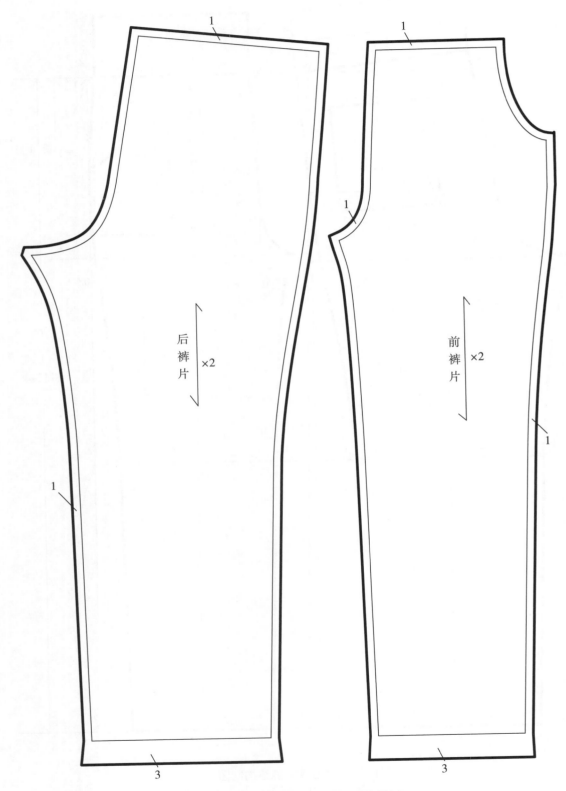

后裤片 ×2

前裤片 ×2

图1-95 宽松直筒裤裤片裁剪样板

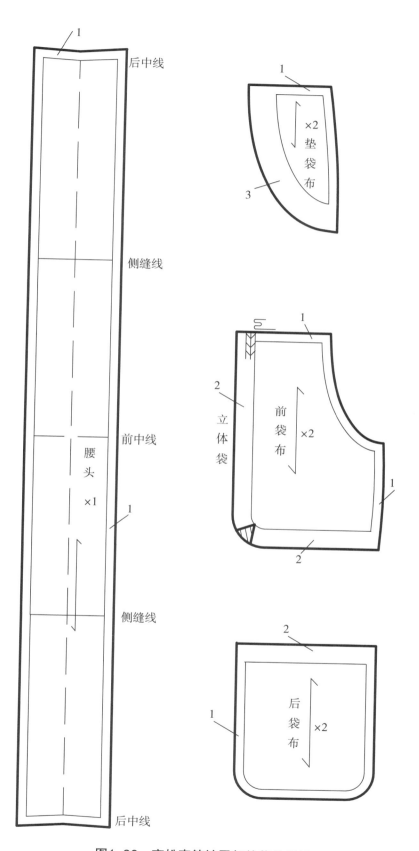

图1-96 宽松直筒裤零部件裁剪样板

三、翻领大衣与裤口卷边长裤（穿着效果图如图 1-97 所示）

（一）翻领大衣

1. 款式设计图

领子既可做普通翻领，也可做驳领，双排扣，前、后片收腰，两片袖。款式图如图 1-98 所示。

正面款式图   背面款式图

图1-98 翻领大衣款式图

2. 结构尺寸

翻领大衣结构尺寸见表 1-16。

图1-97 翻领大衣与裤口卷边长裤穿着效果图

表1-16 翻领大衣结构尺寸   单位：cm

身高	衣长	腰节长	胸围	领围	肩宽	袖长	袖口围
140	70	34	90	35	35	49	25
150	74	36	94	37	37	52	27
160	78	38	98	39	39	55	29

3. 结构制图

翻领大衣结构制图以身高 160cm 少女为例，如图 1-99 ~ 图 1-101 所示。

4. 裁剪样板

翻领大衣面布裁剪样板如图 1-102、图 1-103 所示。

翻领大衣里布裁剪样板如图 1-104 所示。

翻领大衣衬布裁剪样板如图 1-105 所示。

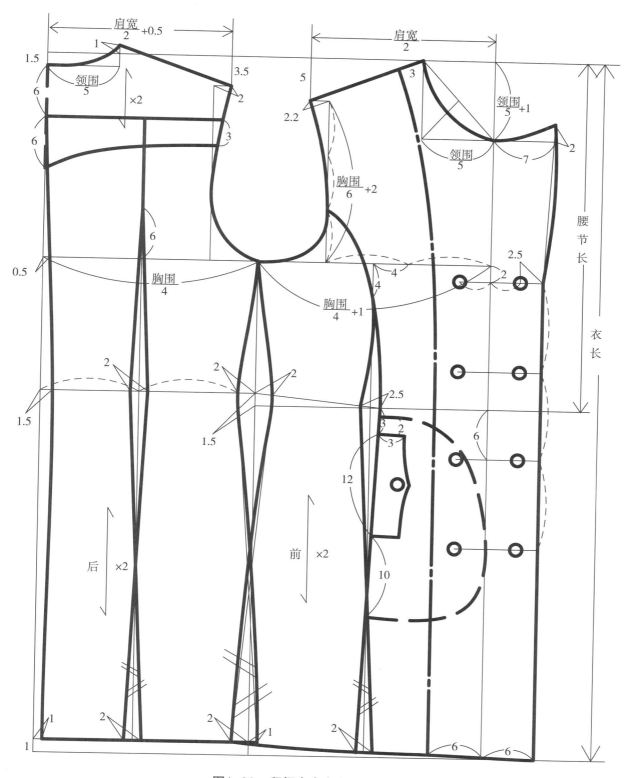

图1-99　翻领大衣衣身结构制图

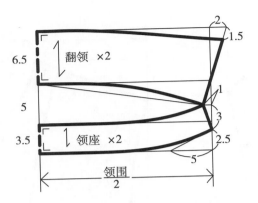

图1-100 翻领大衣领子结构制图

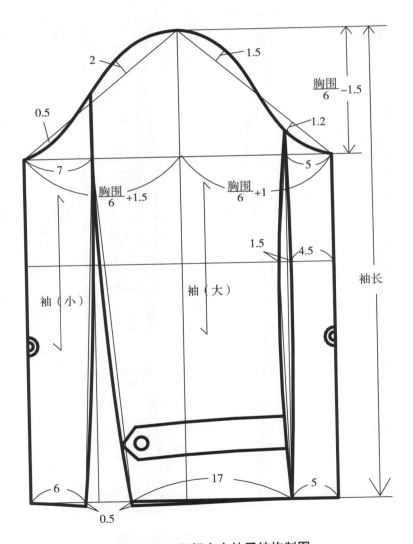

图1-101 翻领大衣袖子结构制图

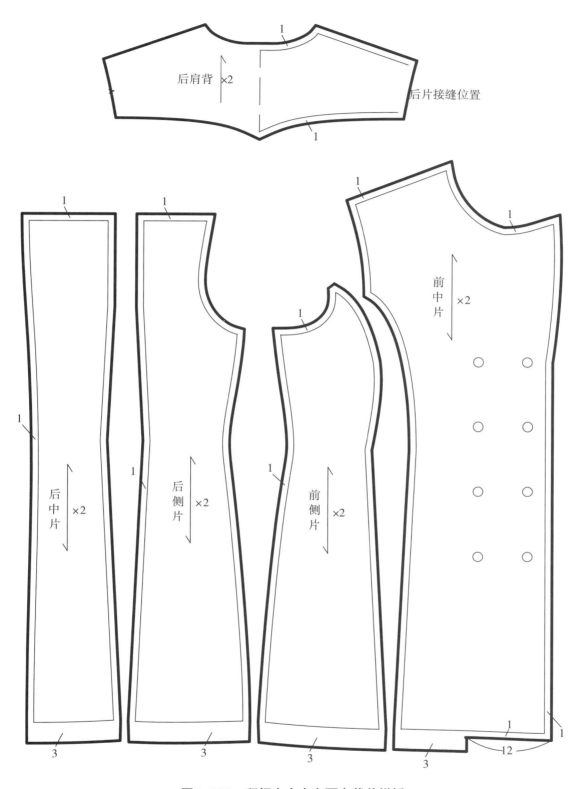

图1-102 翻领大衣衣身面布裁剪样板

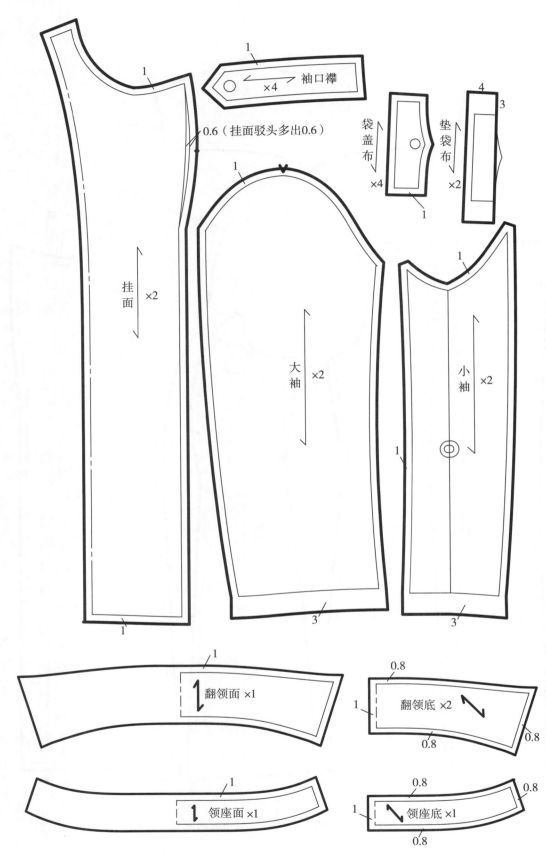

袖口襻 ×4

0.6（挂面驳头多出0.6）

挂面 ×2

大袖 ×2

小袖 ×2

袋盖布 ×4

垫袋布 ×2

翻领面 ×1

翻领底 ×2

领座面 ×1

领座底 ×1

图1-103 翻领大衣领子、袖子及其他部件面布裁剪样板

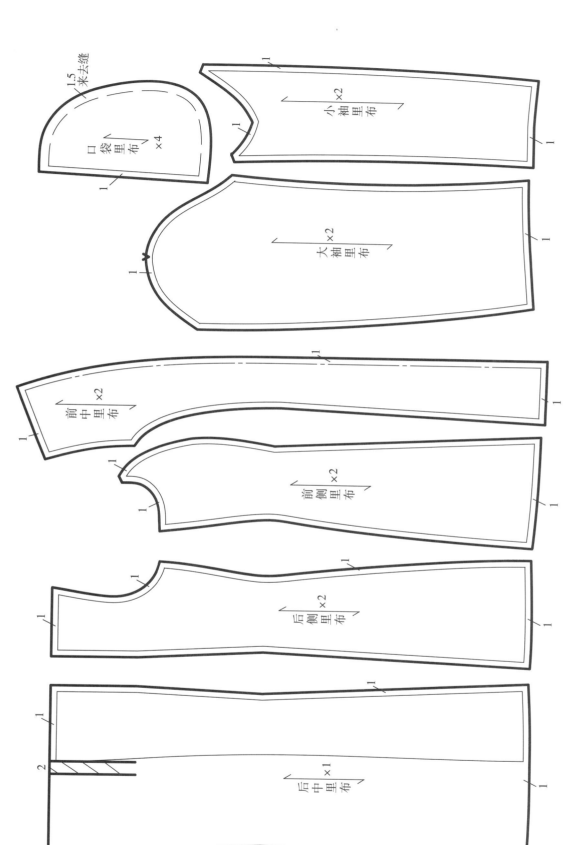

少女篇

图1-104　翻领大衣里布裁剪样板

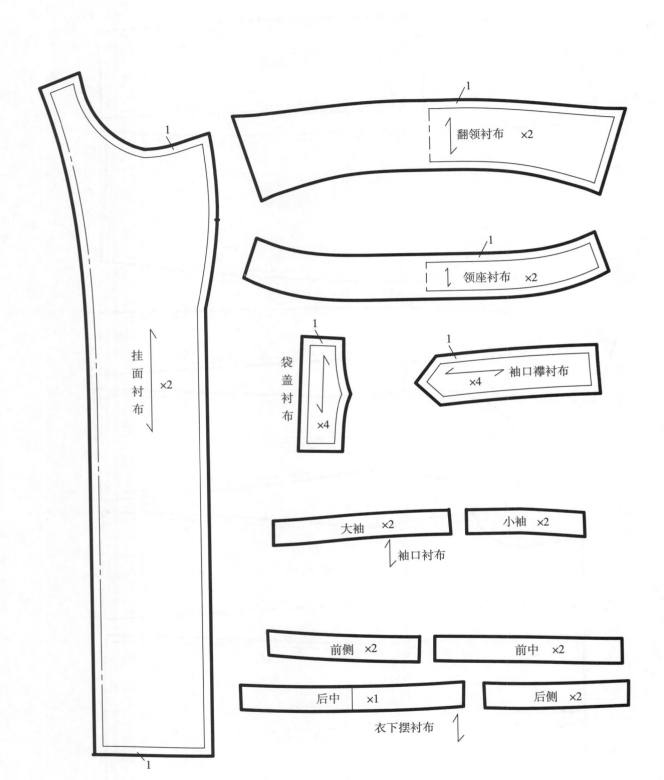

图1-105　翻领大衣衬布裁剪样板

（二）裤口卷边长裤

1. 款式设计图

稍低腰，前片插袋，省道转移至袋口，裤口卷边，裤身合体。款式图如图 1-106 所示。

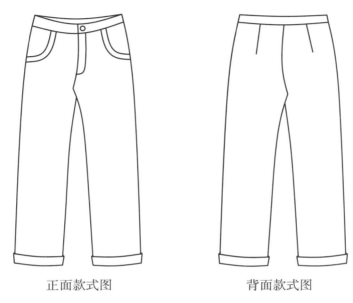

正面款式图　　　　　　　　背面款式图

图1-106　裤口卷边长裤款式图

2. 结构尺寸

裤口卷边长裤结构尺寸见表 1-17。

表1-17　裤口卷边长裤结构尺寸　　　　　　　　　　　　　　**单位：cm**

身高	裤长	臀围	腰围	上裆长	裤口宽
140	84	82	64	26	18
150	91	88	67	28	19
160	98	94	70	30	20

3. 结构制图

裤口卷边长裤结构制图以身高 160cm 少女为例，如图 1-107、图 1-108 所示。

4. 裁剪样板

裤口卷边长裤裁剪样板如图 1-109、图 1-110 所示。

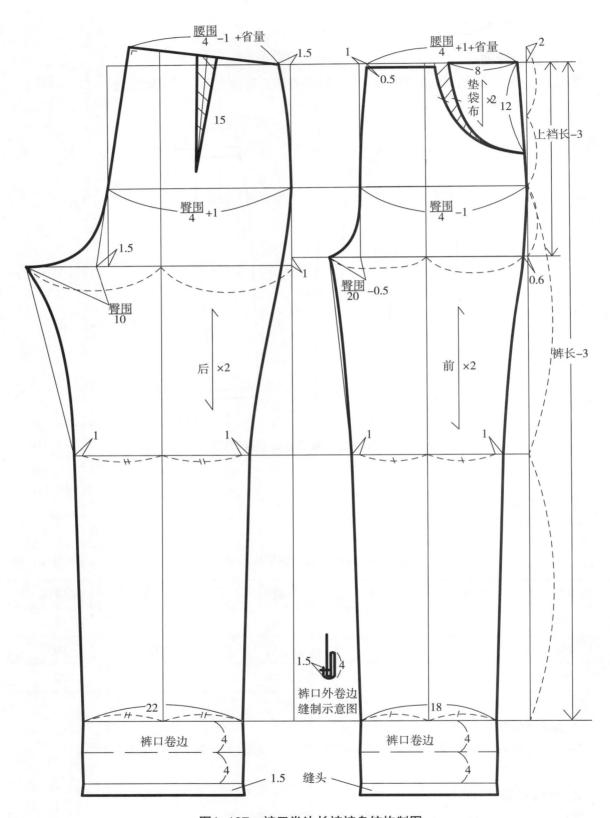

腰围/4 −1 +省量

1.5

1

腰围/4 +1+省量

2

0.5

15

8

垫袋布

×2

12

上裆长−3

臀围/4 +1

臀围/4 −1

1.5

1

臀围/20 −0.5

0.6

臀围/10

后 ×2

前 ×2

裤长−3

1

1

1

1

1

1

1.5 4

裤口外卷边
缝制示意图

22

18

裤口卷边

4

裤口卷边

4

4

4

1.5 缝头

图1−107 裤口卷边长裤裤身结构制图

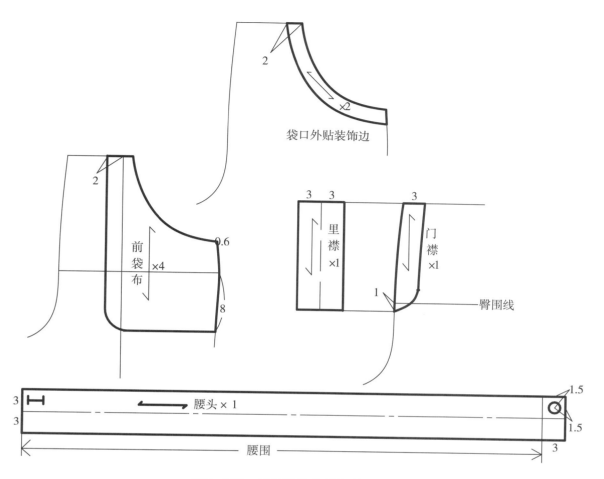

图1-108　裤口卷边长裤部件结构制图

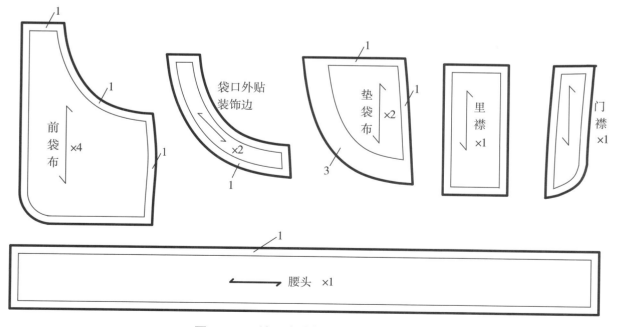

图1-109　裤口卷边长裤部件裁剪样板

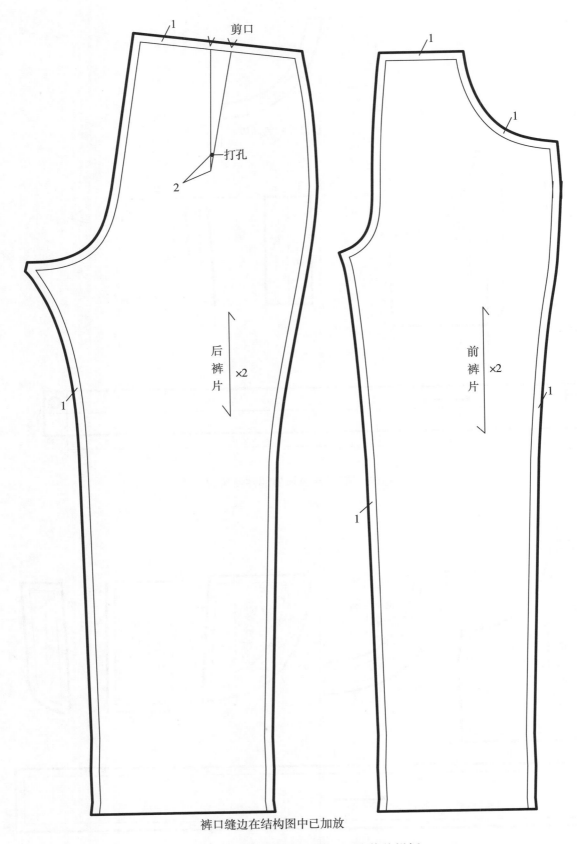

剪口

打孔

后裤片 ×2

前裤片 ×2

裤口缝边在结构图中已加放

图1-110 裤口卷边长裤裤片裁剪样板

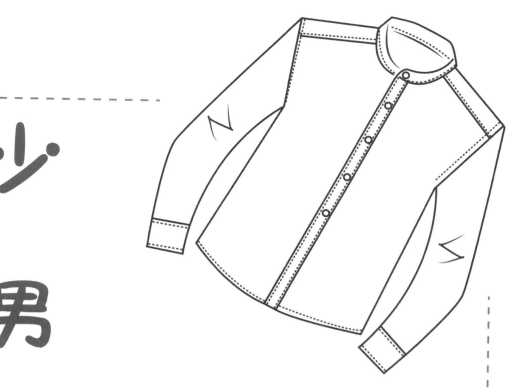

少男

教学目标： 1. 掌握少男装的款式特点、穿着方式；
2. 掌握少男装常用的面辅料、色彩、纹样、装饰；
3. 熟悉少男装的规格尺寸；
4. 掌握少男装款式的结构制图及样板制作。

教学重点： 1. 少男装的款式设计；
2. 少男装的结构制板。

教学方法： 1. 引入法：如引入少男的体型特征、生活习惯来讲授少男装的款式设计及服装结构特征；
2. 演示法：直接示范少男装的款式绘制和结构制板；
3. 实践法：学生独立进行款式设计与结构制板。

第一节 | 夏季套装

一、翻领短袖衬衫与裤口翻边中裤（穿着效果图如图 2-1 所示）

（一）翻领短袖衬衫

1. 款式设计图

可采用舒适柔软的棉布，胸口有贴兜，袖口车明线。款式如图 2-2 所示。

正面款式图　　　　　　　　　背面款式图

图2-2　翻领短袖衬衫款式图

2. 结构尺寸

翻领短袖衬衫结构尺寸见表 2-1。

图2-1　翻领短袖衬衫&裤口翻边中裤穿着效果图

表2-1　翻领短袖衬衫结构尺寸　　　　　　　　单位：cm

身高	衣长	腰节长	胸围	领围	肩宽	袖长	袖口围
140	50	34	80	32	35	16.4	18
150	52	36	84	34	37	19.4	20
160	54	38	98	36	39	21.4	22

3. 结构制图

翻领短袖衬衫结构制图以身高 140cm 少男为例，如图 2-3 所示。

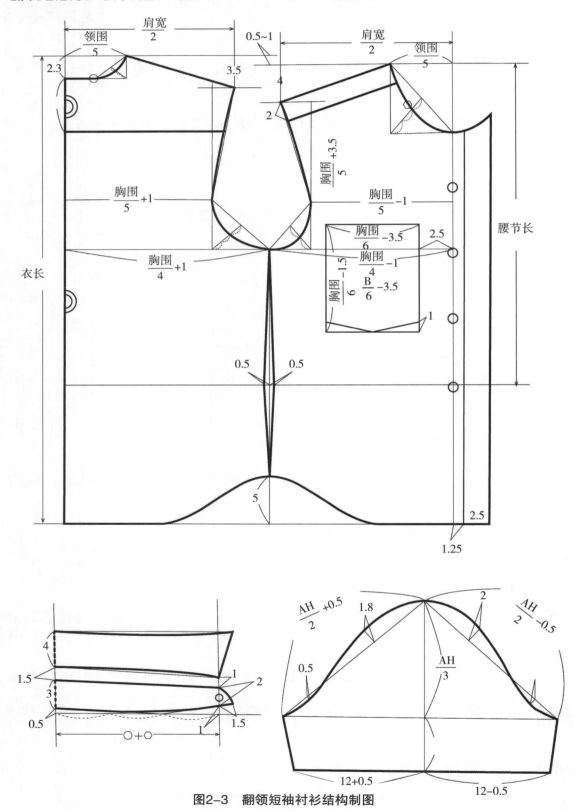

图2-3　翻领短袖衬衫结构制图

4. 裁剪样板

翻领短袖衬衫裁剪样板如图2-4所示。

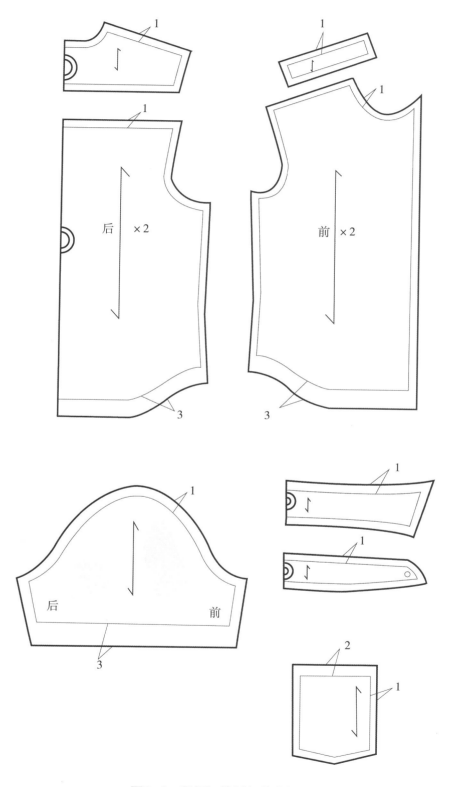

图2-4　翻领短袖衬衫裁剪样板

（二）裤口翻边中裤

1. 款式设计图

可采用舒适柔软的棉布，长度到膝盖，裤口翻边。款式图如图 2-5 所示。

正面款式图　　　　　　　背面款式图

图2-5　裤口翻边中裤款式图

2. 结构尺寸

裤口翻边中裤结构尺寸见表 2-2。

表2-2　裤口翻边中裤结构尺寸　　　　　　　　单位：cm

身高	裤长	腰围	臀围	裤口宽
140	50	59	81	14
150	56	65	90	16
160	62	71	99	18

3. 结构制图

裤口翻边中裤结构制图以身高 140cm 少男为例，如图 2-6 所示。

4. 裁剪样板

裤口翻边中裤裁剪样板如图 2-7 所示。

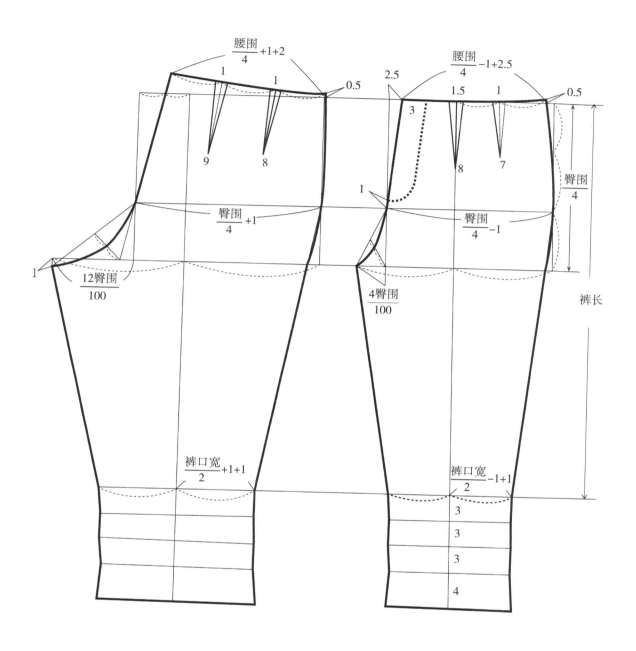

图2-6 裤口翻边中裤结构制图

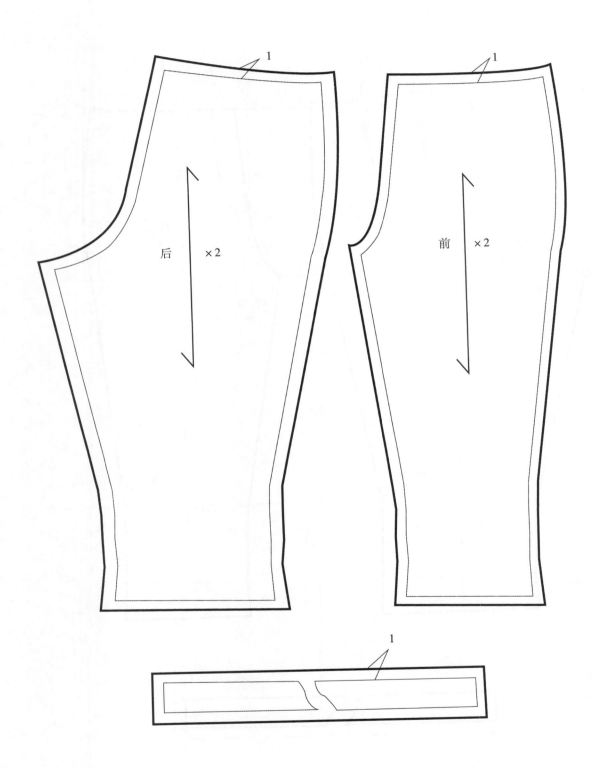

图2-7 裤口翻边中裤裁剪样板

二、中式短袖上衣与裤口收褶中裤（穿着效果图如 图 2-8 所示）

（一）中式短袖上衣

1. 款式设计图

短袖可采用舒适柔软的棉布，小 V 领，两粒盘扣，有前中和背中破缝，袖口系明线。款式图如图 2-9 所示。

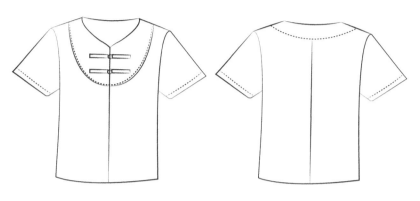

正面款式图　　　　　　　　背面款式图

图2-9　中式短袖上衣款式图

2. 结构尺寸

中式短袖上衣结构尺寸见表 2-3。

图2-8　中式短袖上衣&裤口收褶中裤穿着效果图

表2-3　中式短袖上衣结构尺寸　　　　　　单位：cm

身高	衣长	腰节长	胸围	领围	肩宽	袖长	袖口围
140	48	34	80	32	35	49	18
150	50	36	84	34	37	51	20
160	52	38	98	36	39	54	22

3. 结构制图

中式短袖上衣结构制图以身高 150cm 少男为例，如图 2-10 所示。

4. 裁剪样板

中式短袖上衣裁剪样板如图 2-11 所示。

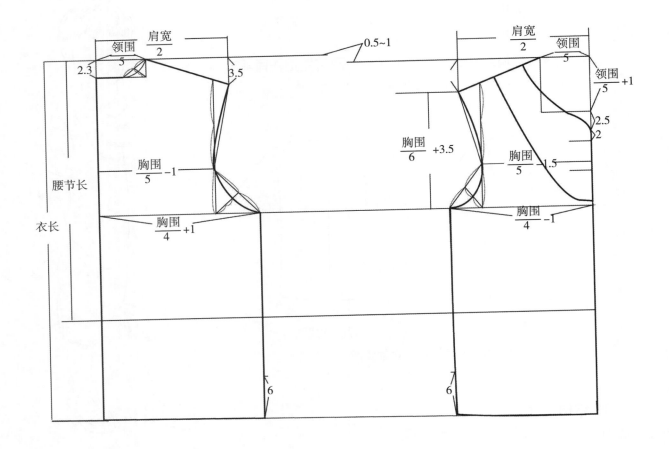

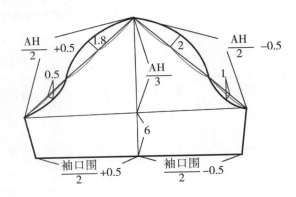

图2-10 中式短袖上衣结构制图

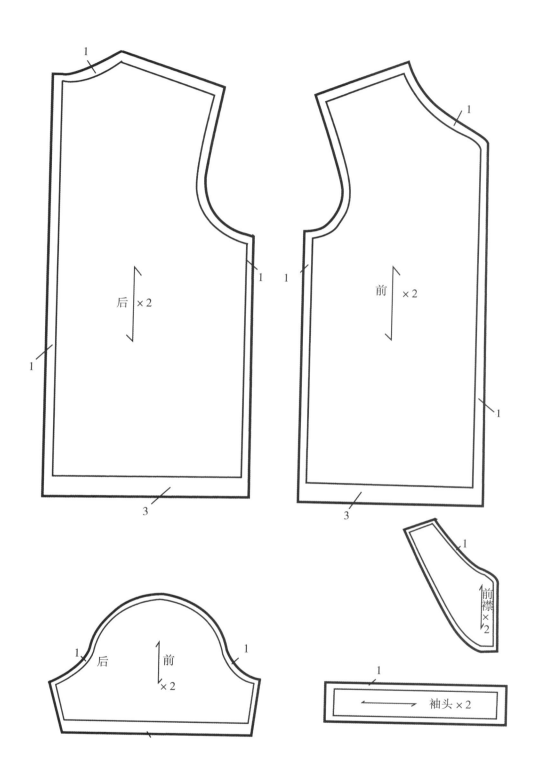

图2-11　中式短袖上衣裁剪样板

（二）裤口收褶中裤

1. 款式设计图

可采用中厚的纯棉或涤棉斜纹面料，插袋，前裤片腰部设褶裥，后裤片腰部设省道，宽裤口。款式图如图 2-12 所示。

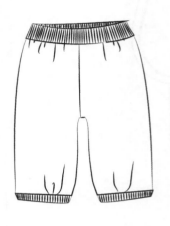 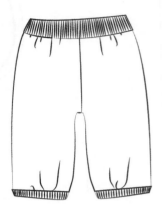

正面款式图　　　　　　　　背面款式图

图2-12　裤口收褶中裤款式图

2. 结构尺寸

裤口收褶中裤结构尺寸见表 2-4。

表2-4　裤口收褶中裤结构尺寸　　　　　　　　　　单位：cm

身高	裤长	腰围	臀围	裤口宽
140	50	59	81	14
150	56	65	90	16
160	62	71	99	18

3. 结构制图

裤口收褶中裤结构制图以身高 150cm 少男为例，如图 2-13 所示。

4. 裁剪样板

裤口收褶中裤裁剪样板如图 2-14 所示。

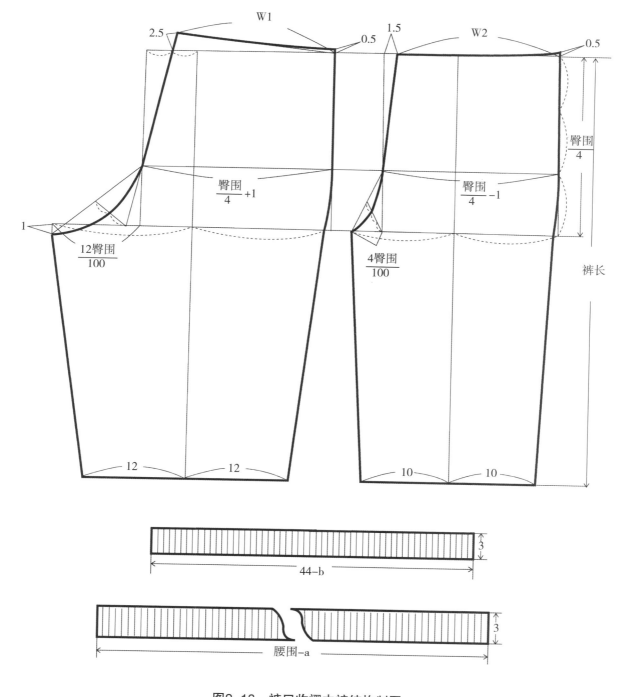

图2-13　裤口收褶中裤结构制图

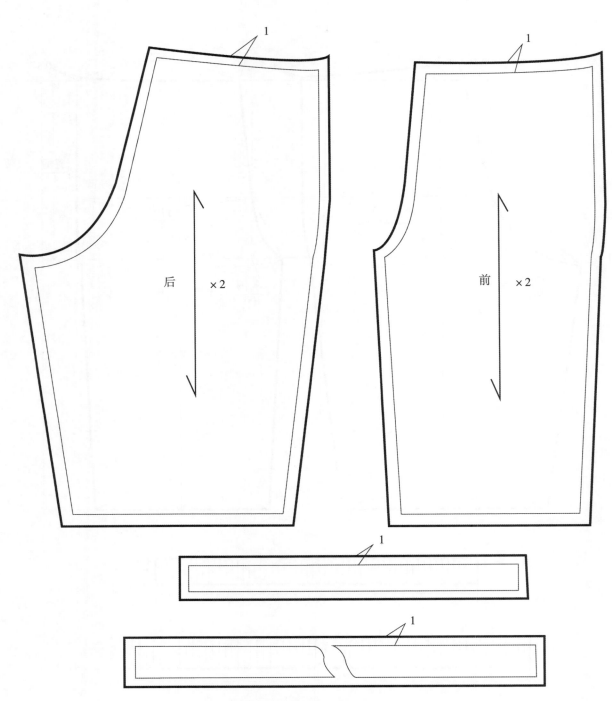

图2-14 裤口收褶中裤裁剪样板

三、立领长袖衬衫与松紧休闲裤（穿着效果图如图2-15所示）

（一）立领长袖衬衫

1. 款式设计图

采用柔软舒适、吸湿透气的薄型面料，宽松、简洁、随意，腰部装置钩扣后系腰带。款式如图2-16所示。

正面款式图　　　　　　　　　背面款式图

图2-16　立领长袖衬衫款式图

2. 结构尺寸

立领长袖衬衫结构尺寸见表2-5。

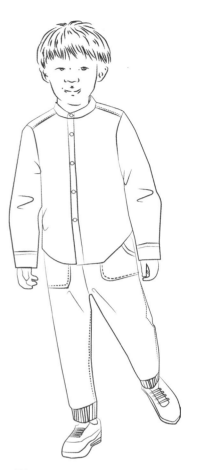

图2-15　立领长袖衬衫&松紧休闲裤穿着效果

表2-5　立领长袖衬衫结构尺寸　　　　　　　单位：cm

身高	衣长	腰节长	胸围	领围	肩宽	袖长	袖口围
140	52	34	80	32	35	49	18
150	54	36	84	34	37	51	20
160	56	38	98	36	39	54	22

3. 结构制图

立领长袖衬衫结构制图以身高160cm少男为例，如图2-17所示。

4. 裁剪样板

立领长袖衬衫裁剪样板如图2-18所示。

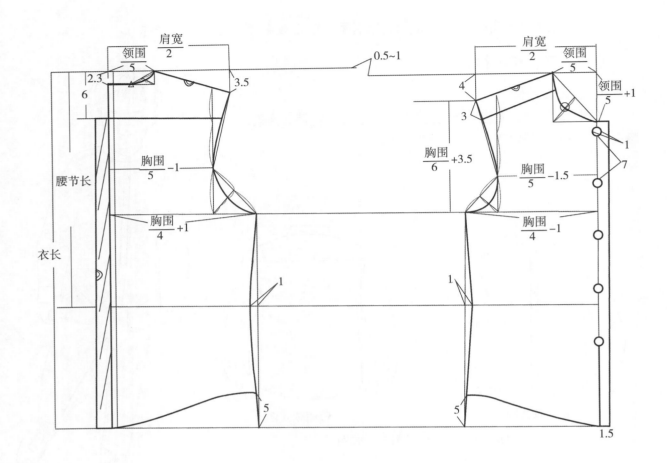

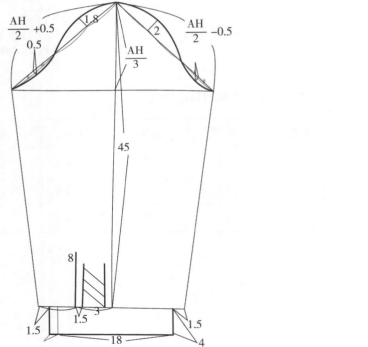

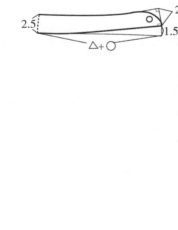

图2-17 立领长袖衬衫结构制图

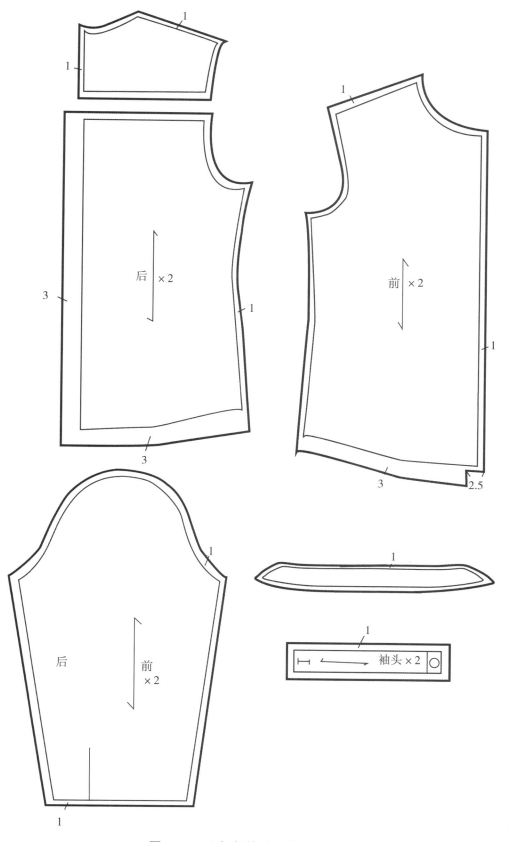

图2-18 立领长袖衬衫裁剪样板

（二）松紧休闲裤

1. 款式设计图

可采用柔软的棉布或混纺布，腰头和裤口有罗纹，月牙兜车明线装饰。款式图如图 2-19 所示。

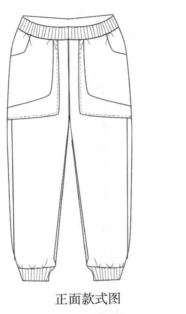

正面款式图   背面款式图

图2-19 松紧休闲裤款式图

2. 结构尺寸

松紧休闲裤结构尺寸见表 2-6。

表2-6 松紧休闲裤结构尺寸   单位：cm

身高	裤长	腰围	臀围	裤口宽
140	84	59	85	16
150	90	65	94	18
160	96	71	103	20

3. 结构制图

松紧休闲裤结构制图以身高 160cm 少男为例，如图 2-20 所示。图中的 a、b_1、b_1 根据实际罗纹的弹性而定。

4. 裁剪样板

松紧休闲裤裁剪样板如图 2-21 所示。

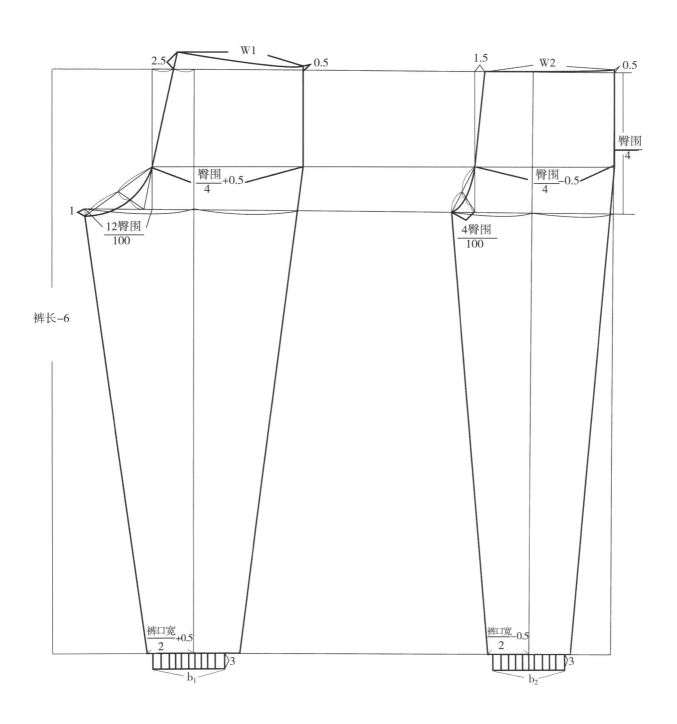

图2-20　松紧休闲裤结构制图

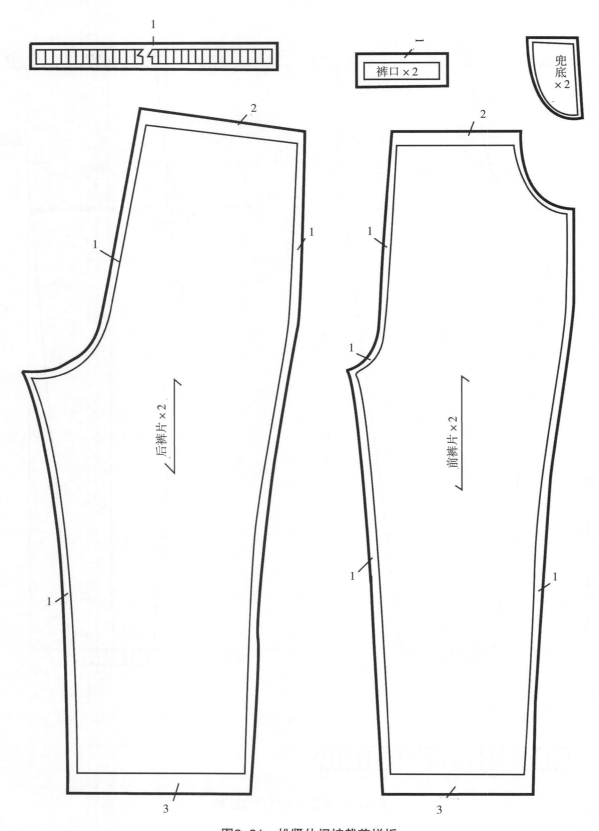

图2-21 松紧休闲裤裁剪样板

第二节 | 春秋套装

一、牛仔褂与松紧牛仔裤（穿着效果图如图2-22所示）

（一）牛仔褂

1. 款式设计图

可采用偏厚的牛仔布，胸口有贴兜，两侧斜插兜。款式图如图2-23所示。

正面款式图

背面款式图

图2-23　牛仔褂款式图

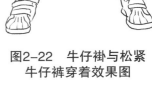

图2-22　牛仔褂与松紧
牛仔裤穿着效果图

2. 结构尺寸

牛仔褂结构尺寸见表2-7。

表2-7　牛仔褂结构尺寸　　　　　　　　　　　　单位：cm

身高	衣长	腰节长	胸围	领围	肩宽	袖长	袖口围
140	50	34	80	32	35	49	16
150	52	36	84	34	37	51	18
160	54	38	88	36	39	54	20

3. 结构制图

牛仔褂结构制图以身高140cm少男为例，如图2-24~图2-26所示。

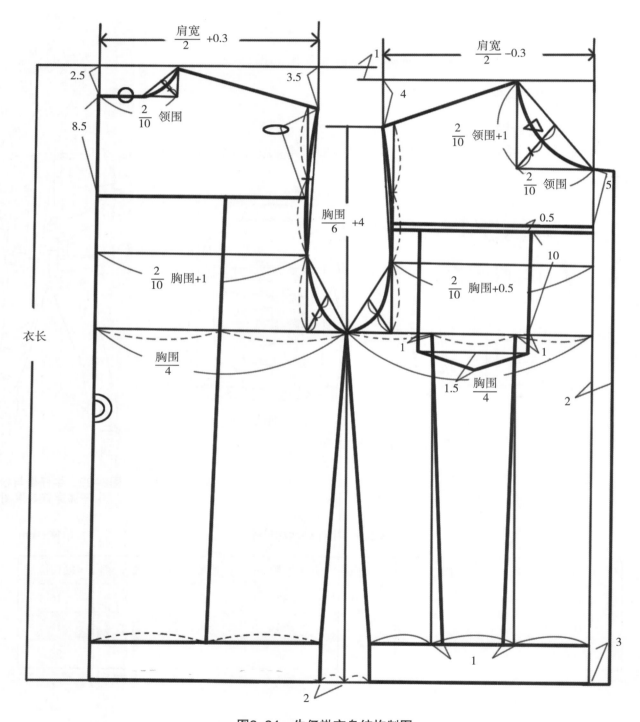

肩宽/2 +0.3

2.5

$\frac{2}{10}$ 领围

8.5

$\frac{2}{10}$ 胸围+1

衣长

胸围/4

3.5

1

4

$\frac{胸围}{6}$ +4

$\frac{2}{10}$ 领围+1

$\frac{2}{10}$ 领围

5

0.5

10

$\frac{2}{10}$ 胸围+0.5

肩宽/2 -0.3

1

1.5 $\frac{胸围}{4}$

1

2

1

3

2

图2-24 牛仔褂衣身结构制图

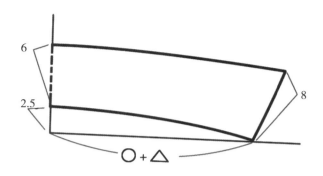

图2-25　牛仔褂领子结构制图

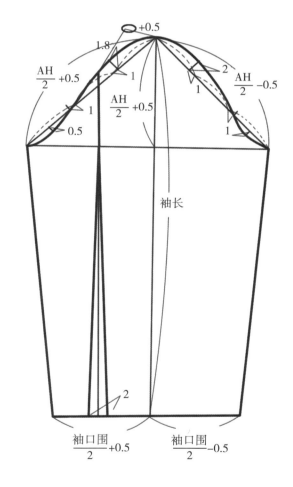

图2-26　牛仔褂袖子结构制图

4. 裁剪样板

牛仔褂裁剪样板如图 2-27 所示。

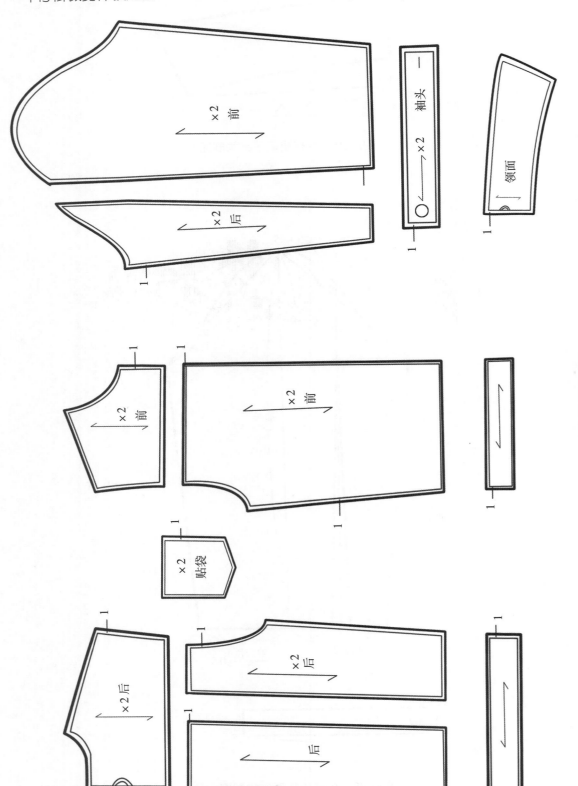

图2-27 牛仔褂裁剪样板

1. 款式设计图

（二）松紧牛仔裤

可采用偏舒适的牛仔布，有月牙兜，腰头有松紧，背后有过腰、贴兜。款式图如图 2-28 所示。

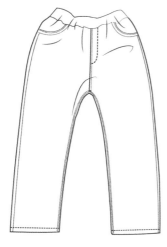
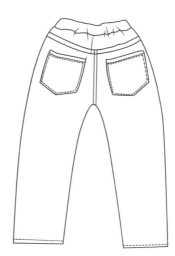

正面款式图　　　　　　　　背面款式图

图2-28　松紧牛仔裤款式图

2. 结构尺寸

松紧牛仔裤结构尺寸见表 2-8。

表2-8　松紧牛仔裤结构尺寸　　　　　　单位：**cm**

身高	裤长	腰围	臀围	裤口宽
140	84	59	81	16
150	90	65	90	18
160	96	71	99	20

3. 结构制图

松紧牛仔裤结构制图以身高 140cm 少男为例，如图 2-29 所示。

4. 裁剪样板

松紧牛仔裤裁剪样板如图 2-30 所示。

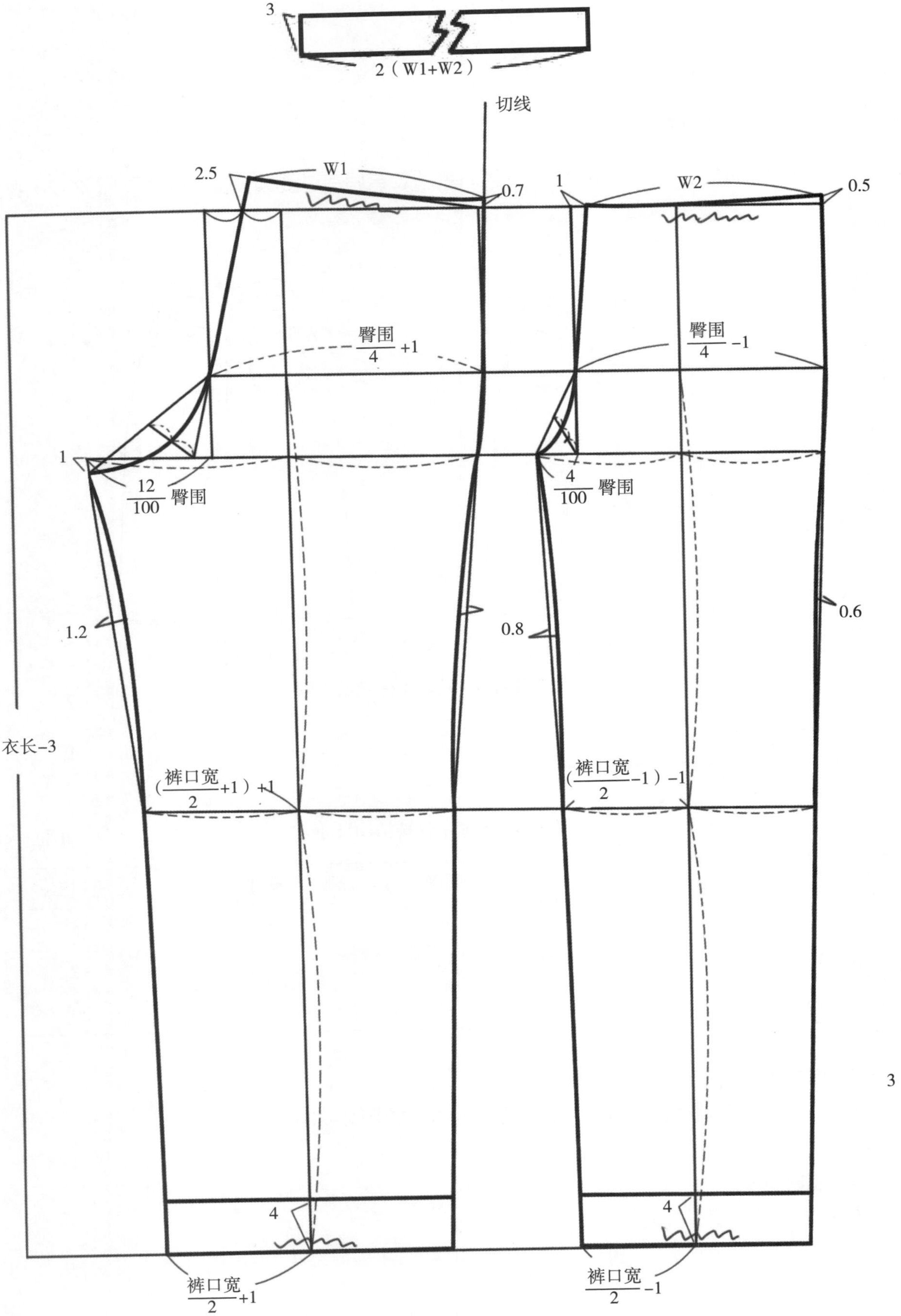

$$2（W1+W2）$$

切线

2.5　W1　0.7　1　W2　0.5

$$\frac{臀围}{4}+1$$　　$$\frac{臀围}{4}-1$$

1　$$\frac{12}{100}$$臀围　　$$\frac{4}{100}$$臀围

1.2　0.8　0.6

衣长-3

$$（\frac{裤口宽}{2}+1）+1$$　　$$（\frac{裤口宽}{2}-1）-1$$

4　4

$$\frac{裤口宽}{2}+1$$　　$$\frac{裤口宽}{2}-1$$

3

图2-29　松紧牛仔裤件结构制图

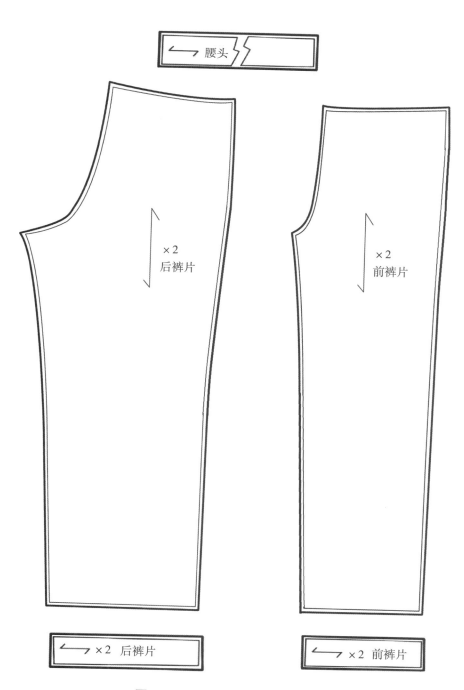

图2-30　松紧牛仔裤裁剪样板

二、西装与休闲西裤（穿着效果图如图2-31所示）

（一）西装

1. 款式设计图

可采用舒适的棉布或西装面料，翻领，有兜盖，两片袖。款式图如图2-32所示。

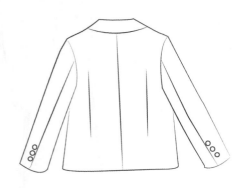

正面款式图　　　　　　　　　　　背面款式图

图2-32　西装款式图

2. 结构尺寸

西装结构尺寸见表2-9。

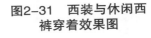

图2-31　西装与休闲西裤穿着效果图

表2-9　西装结构尺寸　　　　　　　　　　单位：**cm**

身高	衣长	腰节长	胸围	领围	肩宽	袖长	袖口围
140	52	34	88	32	35	49	16
150	54	36	92	34	37	51	18
160	56	38	96	36	39	54	20

3. 结构制图

西装结构制图以身高150cm少男为例，如图2-33所示。

4. 面布裁剪样板

西装面布裁剪样板如图2-34所示。

5. 里布裁剪样板

西装里布裁剪样板如图2-35所示。

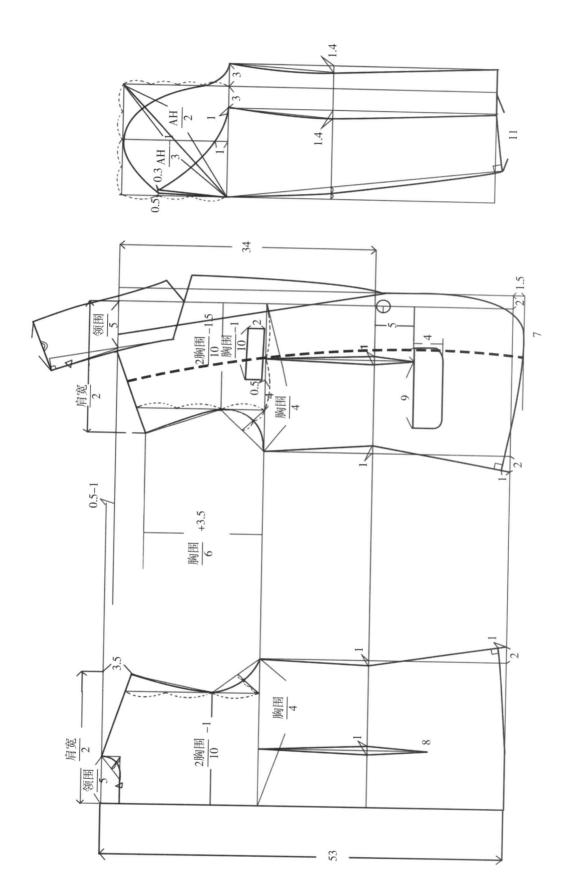

图2-33 西装衣身结构制图

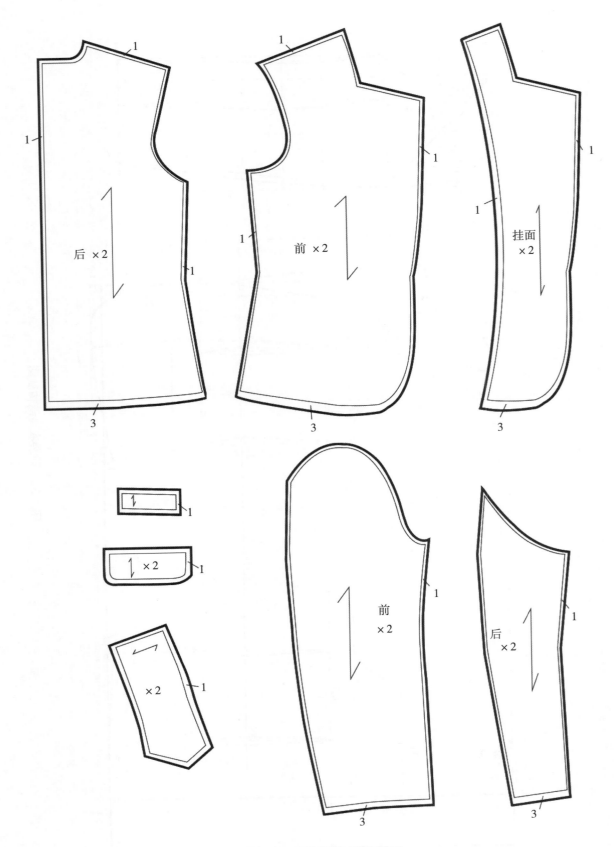

图2-34 西装面布裁剪样板

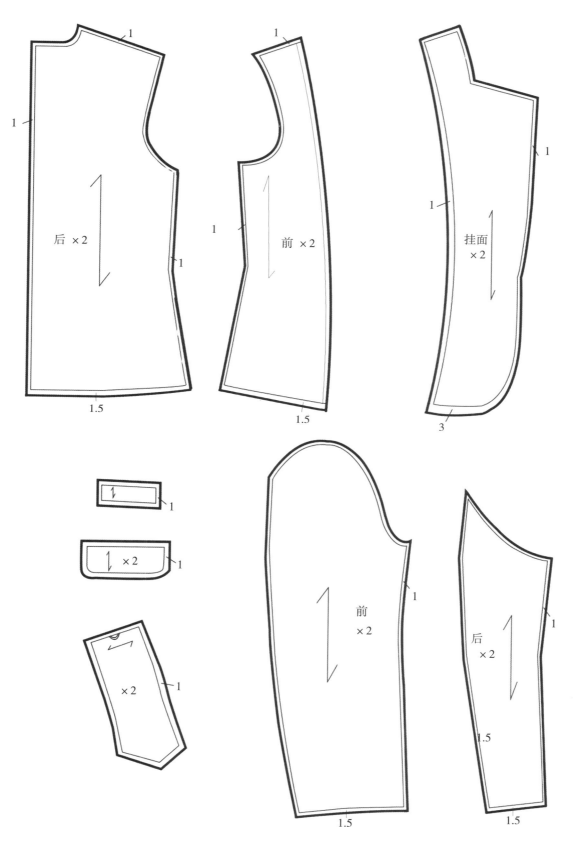

图2-35 西装里布裁剪样板

（二）休闲西裤

1. 款式设计图

可采用舒适的棉布或西装面料，月牙兜，腰头装松紧带，背后有贴兜。款式图如图2-36所示。

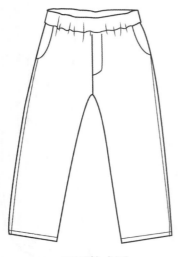 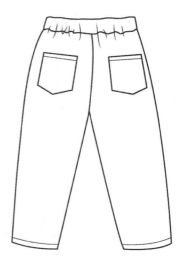

正面款式图　　　　　　　　　　　　背面款式图

图2-36　休闲西裤款式图

2. 结构尺寸

休闲西裤结构尺寸见表2-10。

表2-10　休闲西裤结构尺寸　　　　　　　　　　　单位：cm

身高	裤长	腰围	臀围	裤口宽
140	84	59	81	16
150	90	65	90	18
160	96	71	99	20

3. 结构制图

休闲西裤结构制图以身高150cm少男为例，如图1-37所示。

4. 裁剪样板

休闲西裤裁剪样板如图2-38所示。

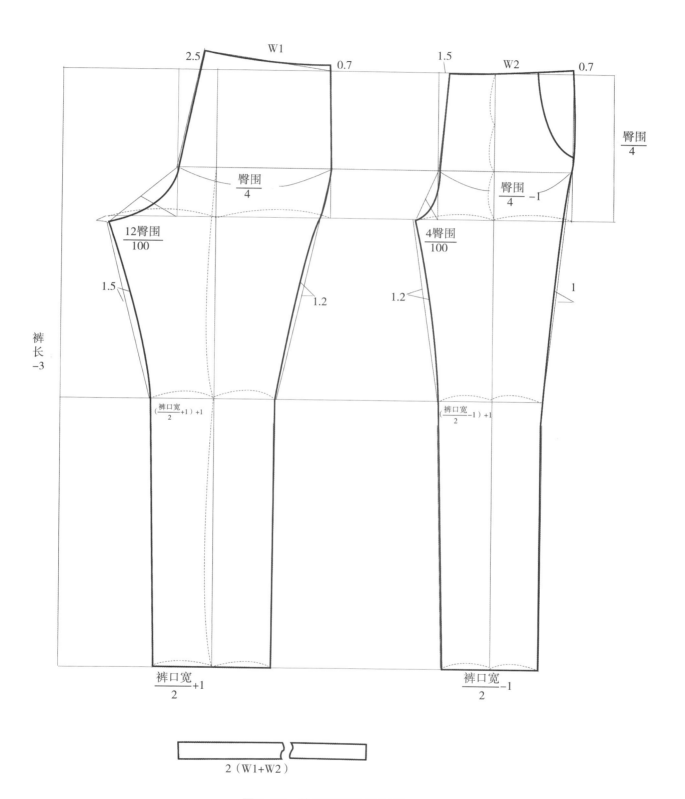

图2-37　休闲西裤结构制图

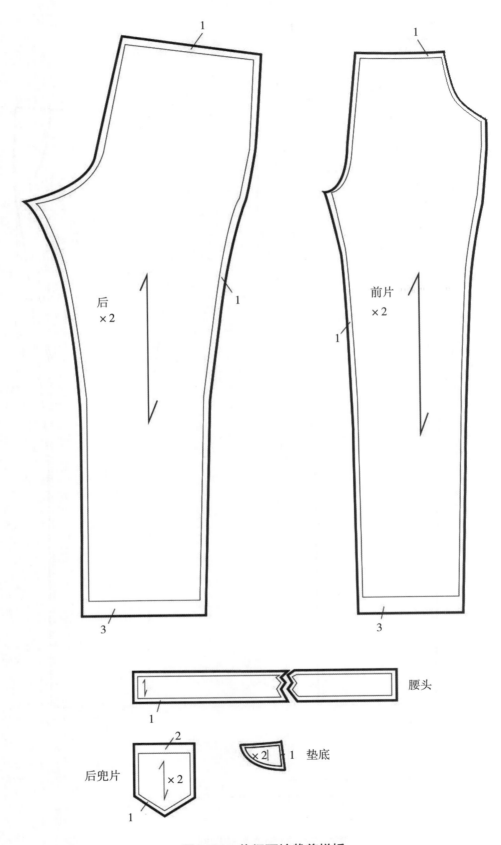

图2-38　休闲西裤裁剪样板

三、中长款风衣与松紧运动裤（穿着效果图如图2-39所示）

1. 款式设计图

此款风衣可采用偏厚的棉布，有兜盖的斜插兜，有腰带，两片袖，有袖襻。款式图如图2-40所示。

正面款式图　　　　　　　背面款式图

图2-40　中长款风衣款式图

图2-39　中长款风衣与松紧运动裤穿着效果图

2. 结构尺寸

中长款风衣结构尺寸见表2-11。

表2-11　中长款风衣结构尺寸

单位：cm

身高	衣长	腰节长	胸围	领围	肩宽	袖长	袖口围
140	62	34	84	33	36	50	18
150	64	36	88	35	38	52	20
160	66	38	92	37	40	56	22

3. 结构制图

中长款风衣结构制图以身高160cm少男为例，如图2-41、图2-42所示。

4. 面布裁剪样板

中长款风衣面布裁剪样板如图2-43所示。

5. 里布裁剪样板

中长款风衣里布裁剪样板如图2-44所示。

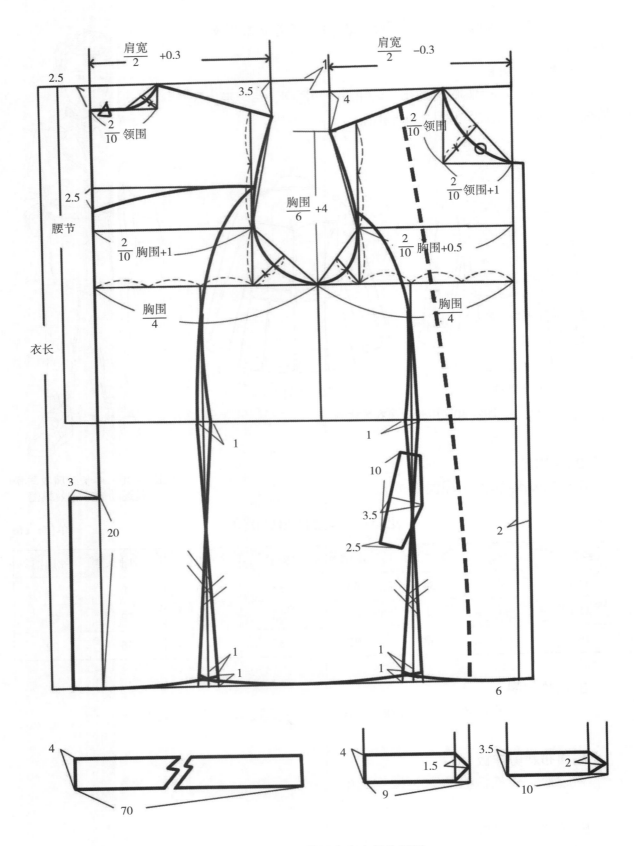

肩宽/2 +0.3

肩宽/2 −0.3

2.5

3.5

1

4

2/10 领围

2/10 领围

2/10 领围+1

2.5

腰节

2/10 胸围+1

胸围/6 +4

2/10 胸围+0.5

衣长

胸围/4

胸围/4

1

1

3

10

20

3.5

2.5

2

1

1

1

1

6

4

70

4

1.5

9

3.5

2

10

图2-41 中长款风衣衣身结构制图

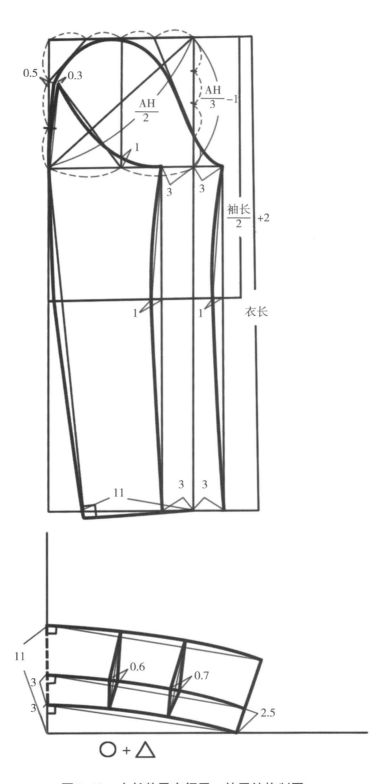

图2-42 中长款风衣领子、袖子结构制图

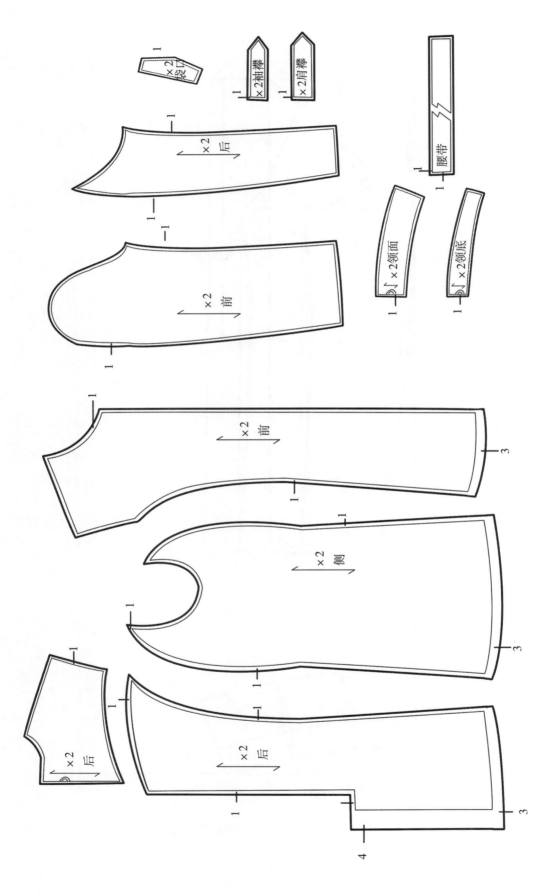

图2-43　中长款风衣面布裁剪样板

少男篇

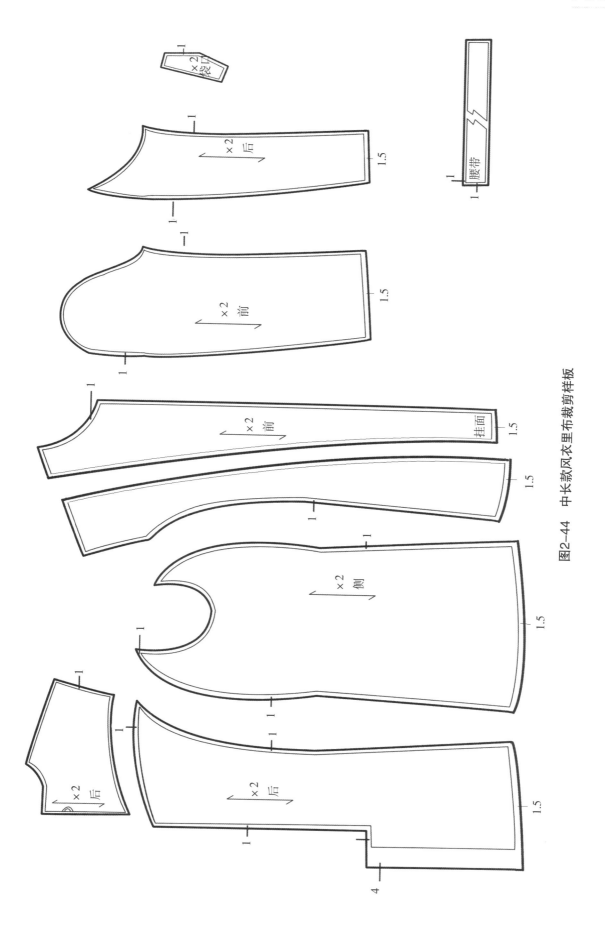

图2-44 中长款风衣里布裁剪样板

- 123 -

（二）松紧运动裤

1. 款式设计图

可采用舒适的棉布或混纺布，腰头和裤口有松紧带，款式图如图 2-45 所示。

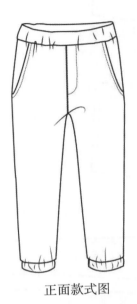

正面款式图　　　　　　　　　背面款式图

图2-45　松紧运动裤款式图

2. 结构尺寸

松紧运动裤结构尺寸见表 2-10。

表2-10　松紧运动裤结构尺寸表　　　　　　　　　　　　单位：cm

身高	裤长	腰围	臀围	裤口宽
140	84	59	85	16
150	90	65	94	18
160	96	71	103	20

3. 结构制图

松紧运动裤结构制图以身高 150cm 少男为例，如图 2-46 所示。

4. 裁剪样板

松紧运动裤裁剪样板如图 2-47 所示。

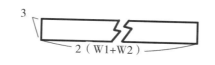

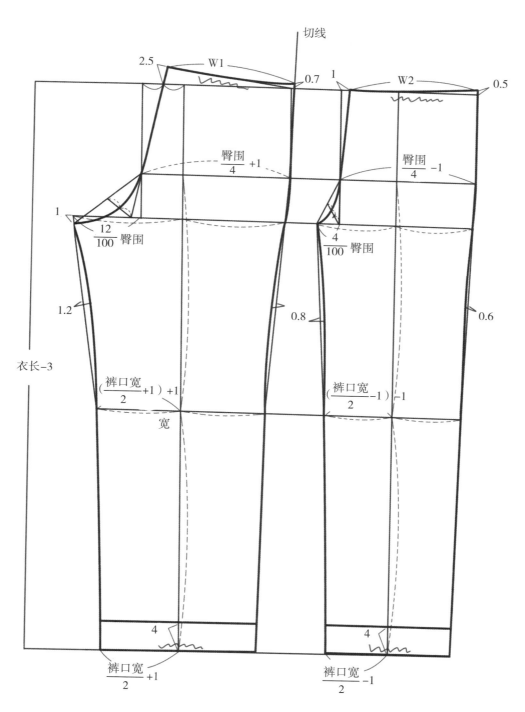

图2-46 松紧运动裤结构制图

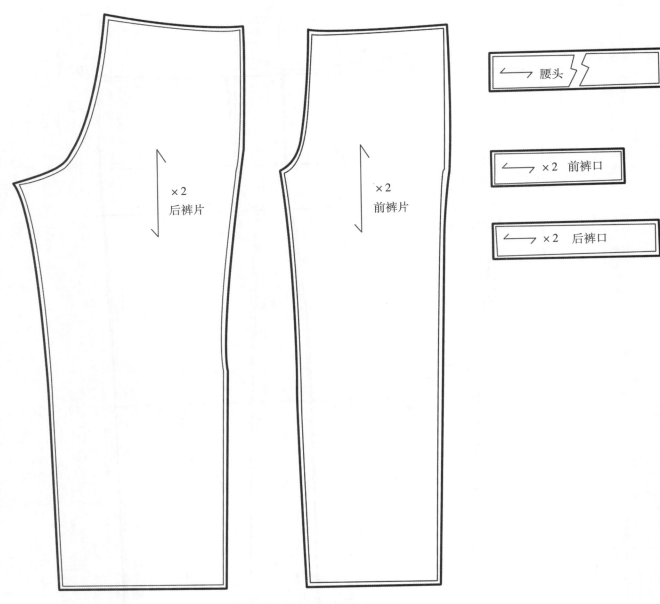

图2-47 松紧运动裤裁剪样板

一、中长款驳领大衣与开门襟牛仔裤（穿着效果图如图2-48所示）

（一）中长款驳领大衣

1. 款式设计图

可采用偏厚的毛呢面料，贴兜，两片袖，翻领，领外口、门襟、袖口、底边车明线。款式图如图2-49所示。

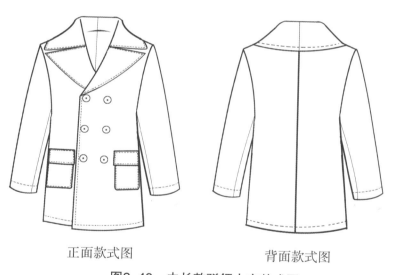

正面款式图　　　　　　背面款式图

图2-49　中长款驳领大衣款式图

2. 结构尺寸

中长款驳领大衣结构尺寸见表2-13。

图2-48　中长款驳领大衣与
开门襟牛仔裤穿着效果图

表2-13　中长款驳领大衣结构尺寸

单位：cm

身高	衣长	腰节长	胸围	领围	肩宽	袖长	袖口围
140	64	34	86	34	37	50	20
150	66	36	90	36	39	52	22
160	68	38	94	38	41	56	24

3. 结构制图

中长款驳领大衣结构制图以身高 140cm 少男为例，如图 2–50、图 2–51 所示。

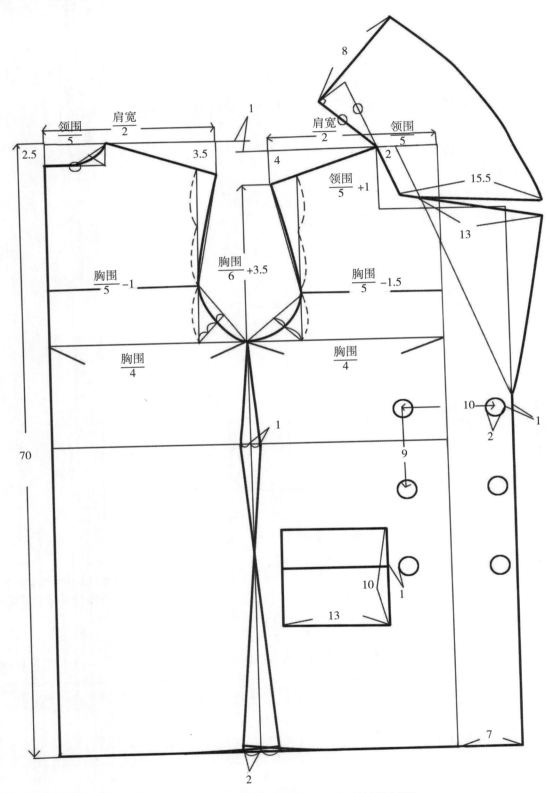

图2-50　中长款驳领大衣衣身、领子结构制图

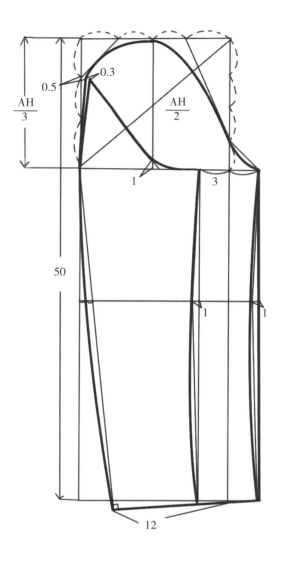

图2-51　中长款驳领大衣袖子结构制图

4. 面布裁剪样板

中长款驳领大衣面布裁剪样板如图 2-52 所示。

5. 里布裁剪样板

中长款驳领大衣里布裁剪样板如图 2-53 所示。

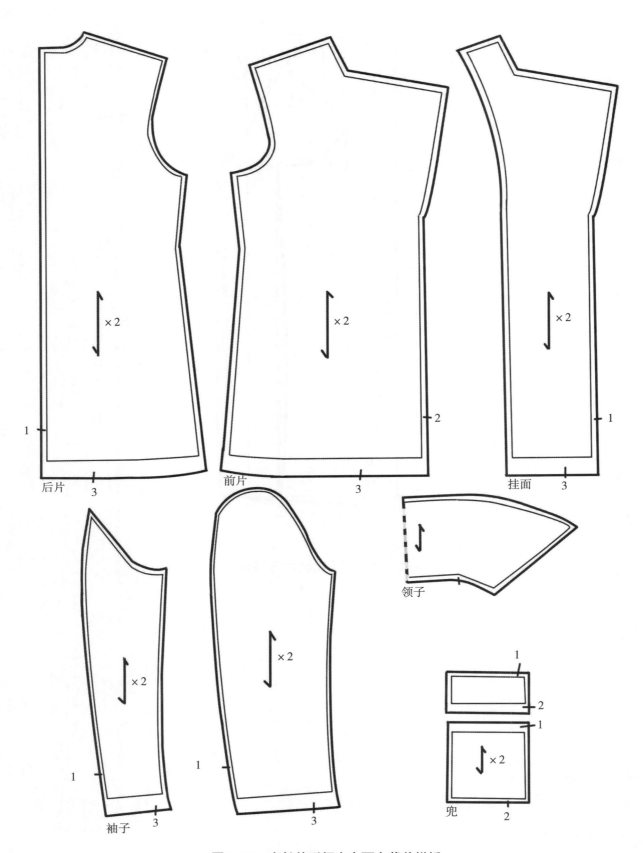

图2-52　中长款驳领大衣面布裁剪样板

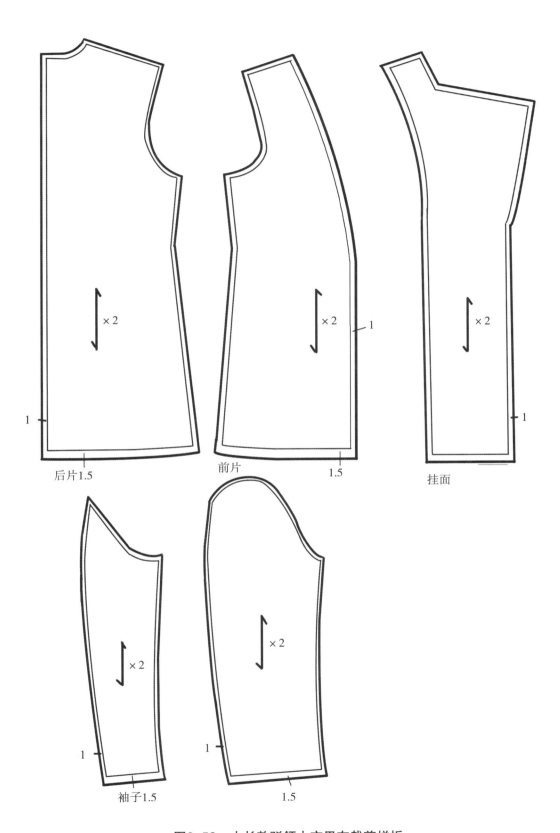

图2-53　中长款驳领大衣里布裁剪样板

（二）开门襟牛仔裤

1. 款式设计图

可采用牛仔面料，裤口折边，两个月牙兜，后面有贴兜。款式图如图2-54所示。

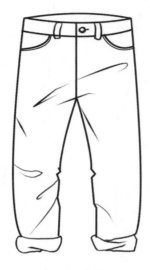

正面款式图   背面款式图

图2-54 开门襟牛仔裤款式图

2. 结构尺寸

开门襟牛仔裤结构尺寸见表2-14。

表2-14 开门襟牛仔裤结构尺寸 单位：cm

身高	裤长	腰围	臀围	裤口宽
140	84	59	81	16
150	90	65	90	18
160	96	71	99	20

3. 结构制图

开门襟牛仔裤结构制图以身高140cm少男为例，如图2-55所示。

4. 裁剪样板

开门襟牛仔裤裁剪样板如图2-56所示。

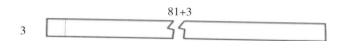

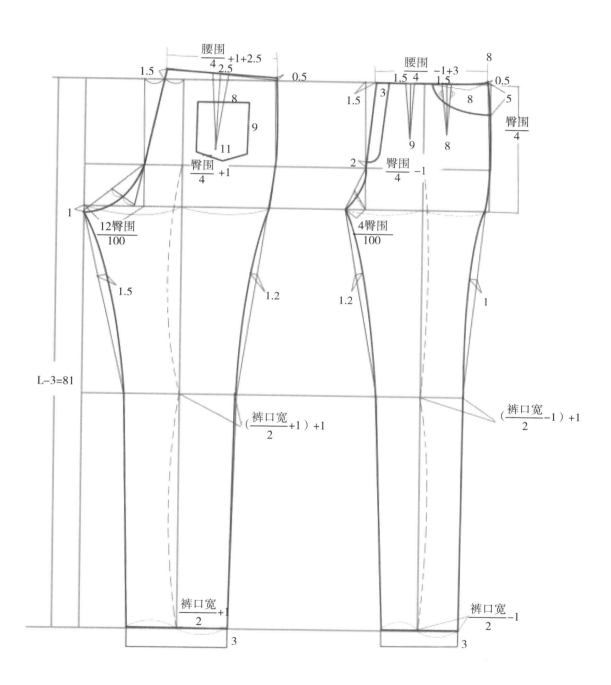

图2-55 开门襟牛仔裤结构制图

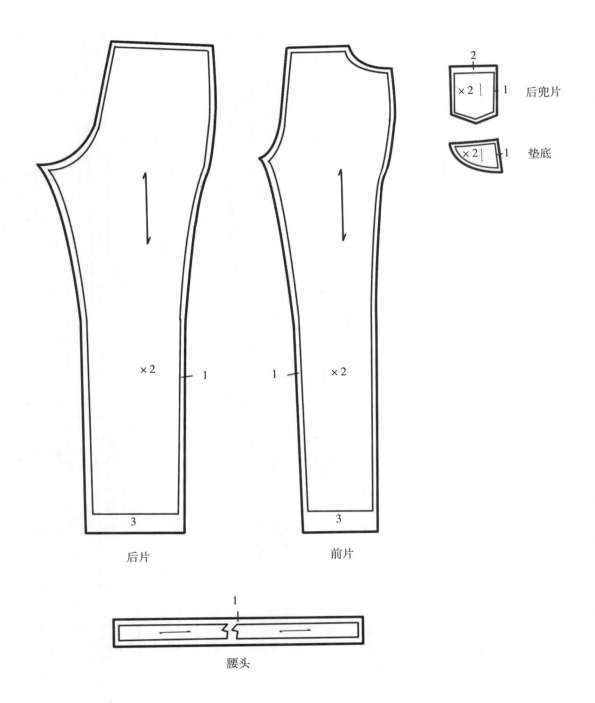

后兜片

垫底

后片   前片

腰头

图2-56 开门襟牛仔裤裁剪样板

二、棒球领夹克与抽绳运动裤（穿着效果图如图2-57所示）

（一）棒球领夹克

1. 款式设计图

可采用有光泽的混纺布，领口、袖口底边有罗纹，门襟有拉链，斜插兜。款式图如图2-58所示。

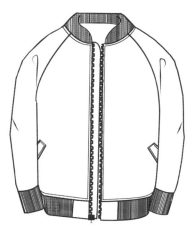
正面款式图

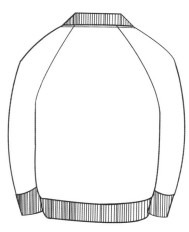
背面款式图

图2-58　棒球领夹克款式图

2. 结构尺寸

棒球领夹克结构尺寸见表2-15。

图2-57　棒球领夹克与抽绳运动裤穿着效果图

表2-15　棒球领夹克结构尺寸　　　　单位：cm

身高	衣长	腰节长	胸围	领围	肩宽	袖长	袖口围
140	52	34	88	34	37	50	20
150	54	36	92	36	39	52	22
160	56	38	96	38	41	56	24

3. 结构制图

棒球领夹克结构制图以身高150cm少男为例，如图2-59所示。

4. 面布裁剪样板

棒球领夹克面布裁剪样板如图2-60所示。

5. 里布裁剪样板

棒球领夹克里布裁剪样板如图2-61所示。

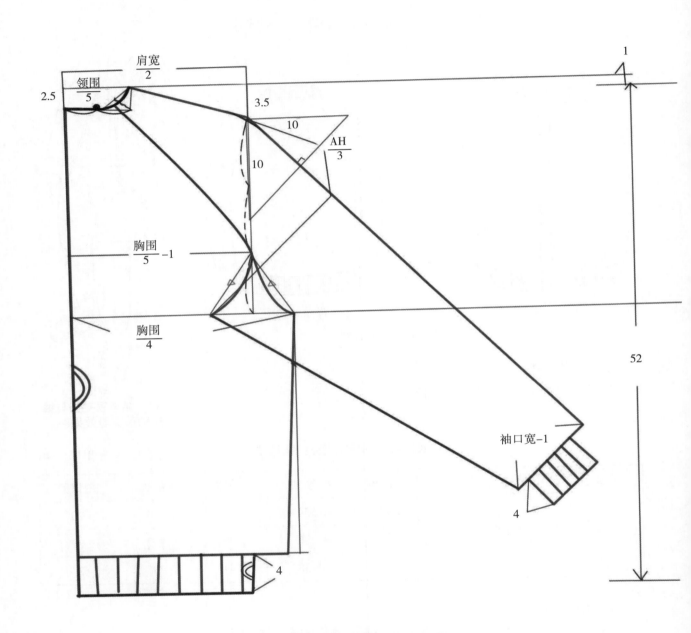

图2-59A 棒球领夹克结构制图 ①

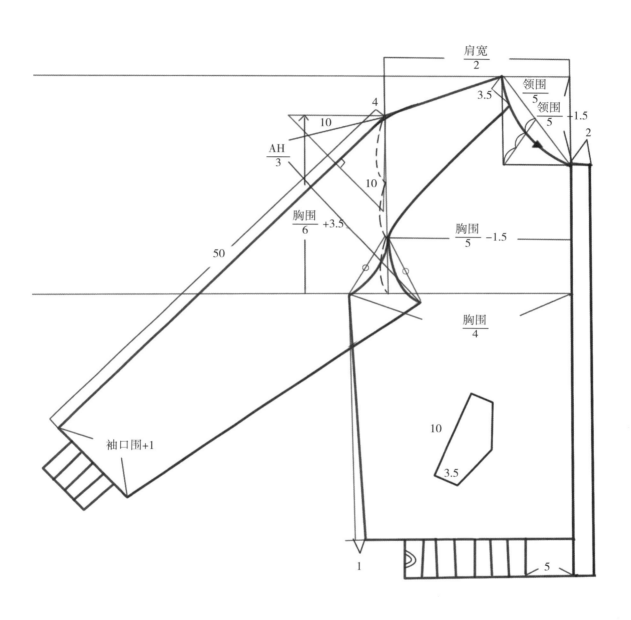

肩宽
2

领围
5

领围
5 +1.5

3.5

2

10

AH
3

10

50

胸围
6 +3.5

胸围
5 −1.5

胸围
4

袖口围+1

10

3.5

1

5

图2-59B　棒球领夹克结构制图 ②

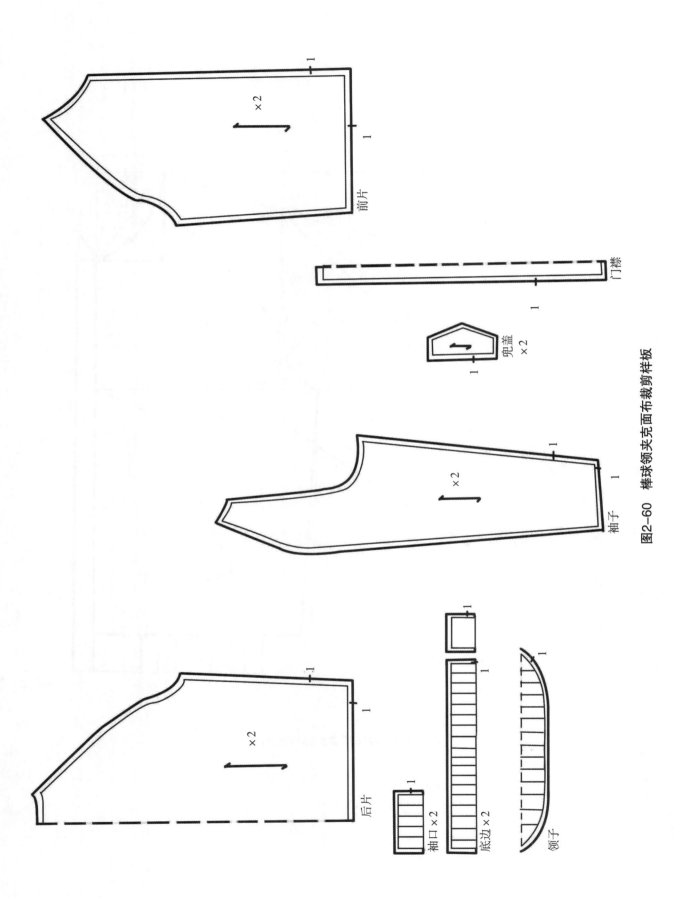

×2

前片

1

1

门襟

1

兜盖
×2

1

袖子

1

×2

1

后片

1

×2

1

袖口×2

1

底边×2

1

领子

图2-60 棒球领夹克面布裁剪样板

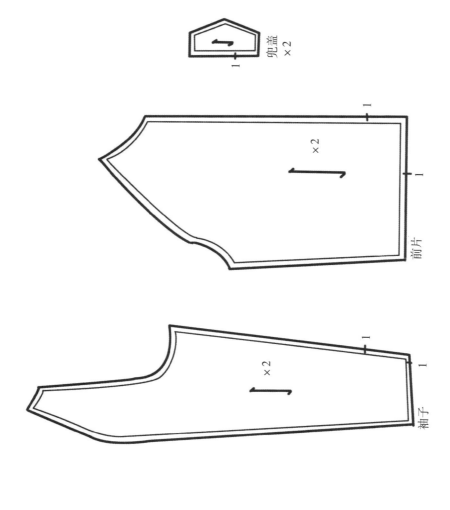

兜盖
×2

前片

×2

袖子

×2

后片

×2

图2-61 棒球领夹克里布裁剪样板

（二）抽绳运动裤

1. 款式设计图

可采用舒适的棉布或混纺布，腰上加抽绳，月牙兜，裤口有罗纹。款式图如图 2-62 所示。

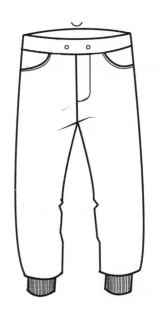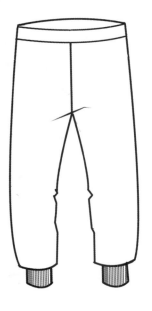

正面款式图　　　　　　　　　　　　　背面款式图

图2-62　抽绳运动裤款式图

2. 结构尺寸

抽绳运动裤结构尺寸见表 2-16。

表2-16　抽绳运动裤结构尺寸　　　　　　　　　　　单位：cm

身高	裤长	腰围	臀围	裤口宽
140	84	57+2	85	16
150	90	63+2	94	18
160	96	69+2	103	20

3. 结构制图

抽绳运动裤结构制图以身高 150cm 少男为例，如图 2-63 所示。

4. 裁剪样板

抽绳运动裤裁剪样板如图 2-64 所示。

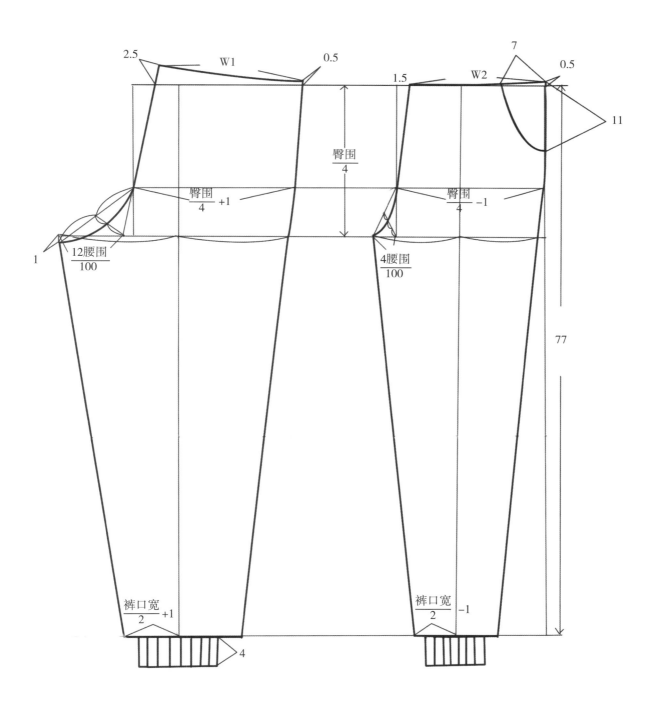

图2-63　抽绳运动裤结构制图

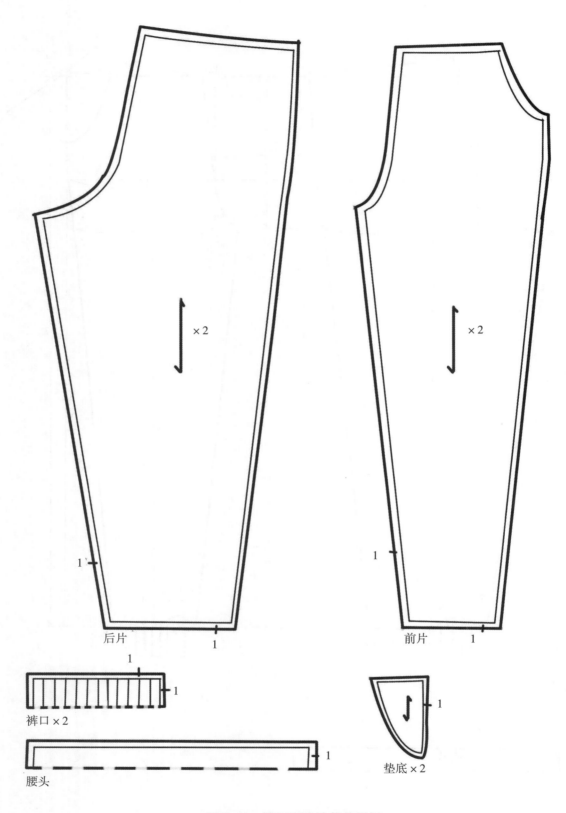

后片

前片

裤口×2

腰头

垫底×2

图2-64　抽绳运动裤裁剪样板

三、青果领西装与直筒西裤（穿着效果如图2-65所示）

（一）青果领西装

可采用较厚的毛呢面料，青果领领面上有条带装饰，两片袖，领边、袖口、底边车明线，斜插兜。款式如图2-66所示。

1. 款式设计图

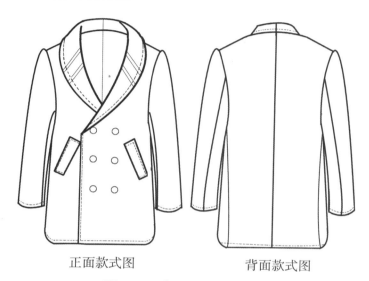

正面款式图　　　　背面款式图

图2-66　青果领西装款式图

图2-65　青果领西装&
直筒西裤穿着效果图

2. 结构尺寸

青果领西装结构尺寸见表2-17。

表2-17　青果领西装结构尺寸表　　　　单位：cm

身高	衣长	腰节长	胸围	领围	肩宽	袖长	袖口围
140	64	34	86	34	37	50	20
150	66	36	90	36	39	52	22
160	68	38	94	38	41	56	24

3. 结构制图

青果领西装结构制图以身高140cm少男为例，如图2-67、图2-68所示。

4. 面布裁剪样板

青果领西装面布裁剪样板如图2-69所示。

5. 里布裁剪样板

青果领西装里布裁剪样板如图2-70所示。

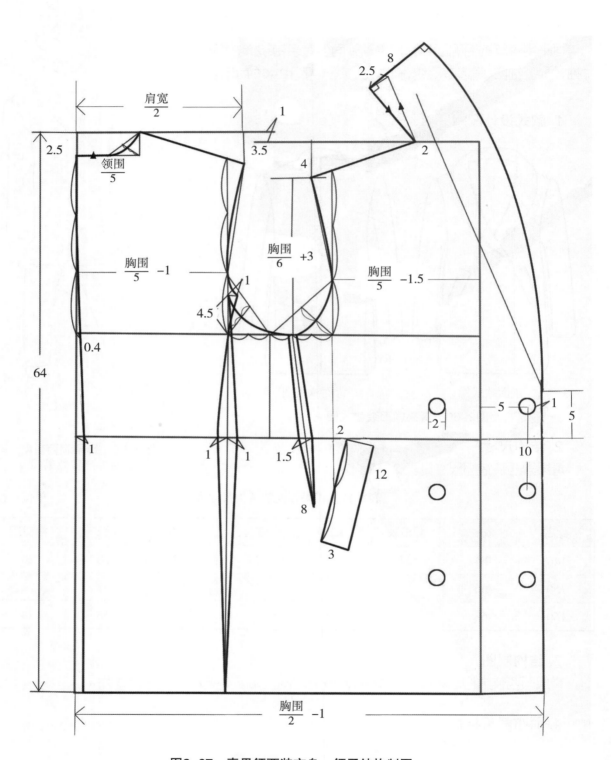

图2-67 青果领西装衣身、领子结构制图

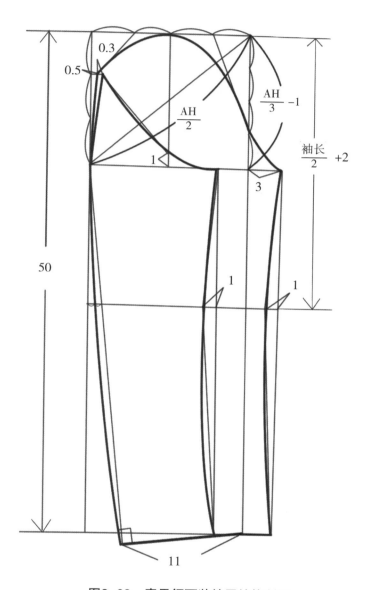

图2-68　青果领西装袖子结构制图

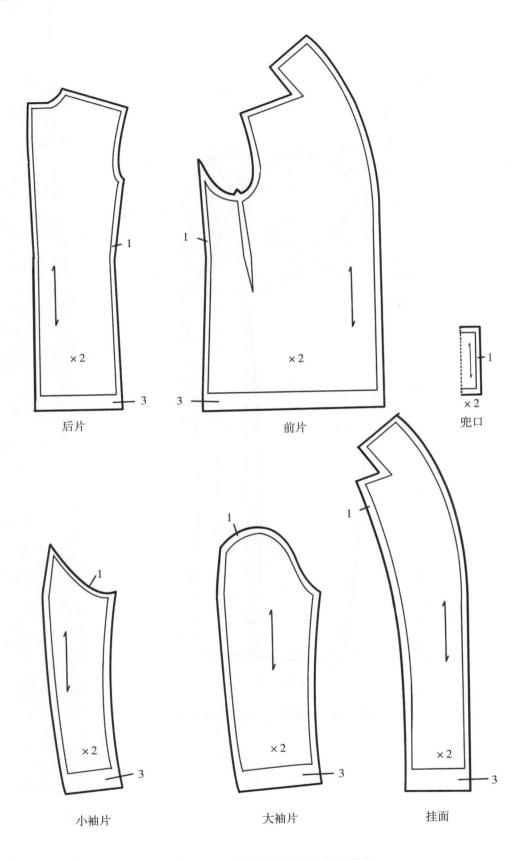

后片　　　　　　　　　前片　　　　　　　兜口

小袖片　　　　　　　大袖片　　　　　　挂面

图2-69　青果领西装面布裁剪样板

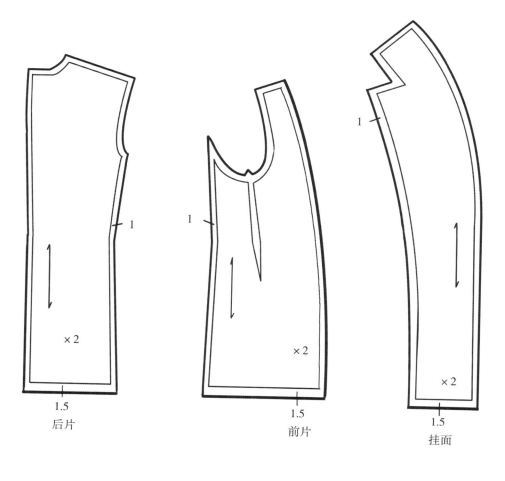

1.5
后片

1.5
前片

1.5
挂面

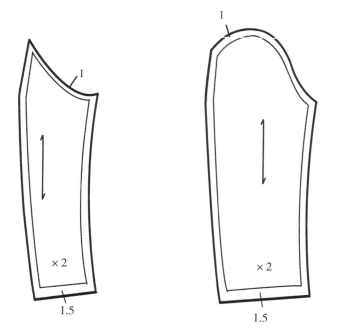

1.5

1.5

图2-70　青果领西装里布裁剪样板

（二）直筒西裤

1. 款式设计图

采用柔软中厚的舒适面料，前插袋、后贴袋。款式如图 2-71 所示。

正面款式图　　　　　　　　背面款式图

图2-71　直筒西裤款式图

2. 结构尺寸

直筒西裤结构尺寸见表 2-18。

表2-18　直筒西裤结构尺寸　　　　　　　　　单位：cm

身高	裤长	腰围	臀围	裤口宽
140	84	57+2	81	16
150	90	63+2	90	18
160	96	69+2	99	20

3. 结构制图

直筒西裤结构制图以身高 140cm 少男为例，如图 2-72 所示。

4. 裁剪样板

直筒西裤裁剪样板如图 2-73 所示。

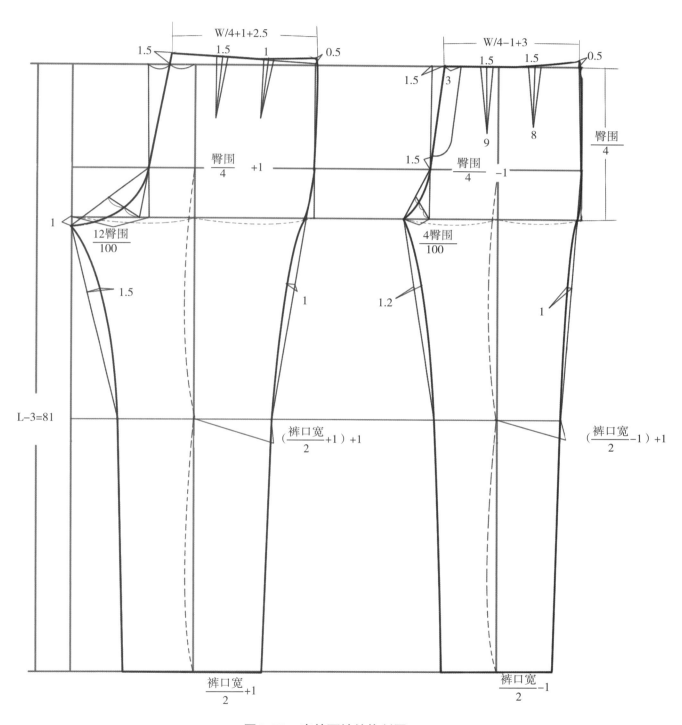

图2-72 直筒西裤结构制图

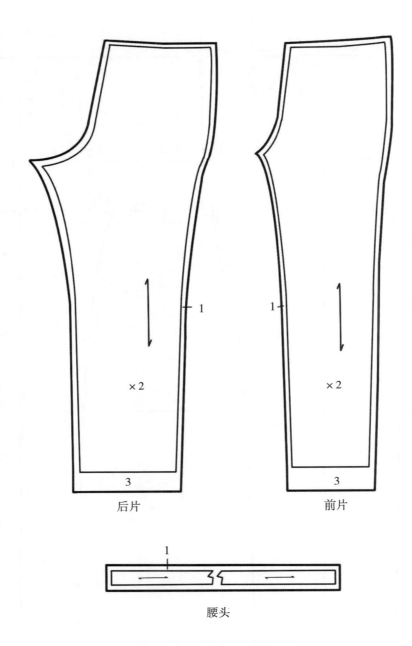

后片　　　　　　　　　前片

腰头

图2-73　直筒西裤裁剪样板

参考文献

[1] (韩)金元美.超人气手作宝宝服[M].金善花译.北京：北京科学技术出版社，2013．1

[2] 叶清珠．童装设计与结构制图[M]．上海：东华大学出版社，2015．

[3] 马芳，李晓英，侯东昱．童装结构设计与应用[M]．北京：中国纺织出版社，2011．

[4] 吕学海，杨奇军．服装结构原理与制图技术[M]．北京：中国纺织出版社，2008．

[5] 吴俊．男装童装结构设计与应用[M]．北京：中国纺织出版社，2001．

[6] 国家质量监督检验检疫总局，国家标准化管理委员会．服装号型 儿童：GB/T 1335.3-2009[S].北

京：中国标准出版社，2009.